ココロとカラダに効く

ハーブ便利帳

ハーバルセラピスト　**真木文絵**　著

千葉大学名誉教授　**池上文雄**　監修

NHK出版

もくじ

庭にあるチカラの木 73

野山で出会える和のハーブ 85

ハーブが持つ作用

ハーブに含まれる有効成分を、一般的な生薬、メディカルハーブの情報に基づいて表記しています。これらは、多くの種類に共通するものが多く、その他の作用は各データ欄にあります。

注意
症状の改善のための過剰摂取は避け、使用後の違和感、皮膚の反応などに十分注意。
気になる体調変化のある場合は、専門家、医師にご相談ください。

緩下《かんげ》 腸のぜん動運動を促進し、便秘を改善すること。

去痰《きょたん》 痰を切れやすくして、排出を促すこと。

駆風《くふう》 胃や腸に溜まったガスを排出し、お腹の張りや痛みを和らげること。

血行促進 血液が滞りなく体内を循環するように促すこと。

健胃《けんい》 胃液分泌や胃の運動を促進し、食欲不振や消化不良を改善すること。

抗アレルギー 免疫の異常亢進が原因による、かゆみや腫れなどの症状を鎮めること。

抗ウイルス 体の抵抗力を高めて、ウイルスの活動を抑制し、感染を防ぐこと。

抗菌 大腸菌や黄色ブドウ球菌などの細菌の繁殖を抑えること。

抗酸化 活性酸素による細胞攻撃から守ること。老化を防ぐこと。

止瀉《ししゃ》 下痢を止めること。

収れん ゆるんだ組織を引き締め、汗や皮脂の過剰な分泌を抑えること。

消炎 炎症の諸症状を抑え、元の状態に戻すこと。便宜上、抗炎症作用も含みます。

消化促進 胃や腸の機能を高めるよう促すこと。

滋養強壮《じようきょうそう》 体の弱い部分に栄養を届け、その部分を増強させること。

鎮咳《ちんがい》 咳中枢や気道に作用して、咳を鎮めること。

鎮痙《ちんけい》 平滑筋の痙攣《けいれん》を鎮めること。

鎮静《ちんせい》 自律神経の乱れによる興奮を鎮め、落ち着いた状況に戻すこと。

鎮痛《ちんつう》 脳や神経に働きかけて、痛みを鎮めること。

粘膜保護《ねんまくほご》 消化器や口腔《こうこう》などの粘膜を覆い、刺激から守ること。

利胆《りたん》・強肝《きょうかん》 胆汁の分泌を促すとともに、肝臓の働きを強化すること。

利尿《りにょう》 尿の生成を促し、排尿も促すこと。

本書の使い方

ハーブの楽しみ方

ハーブの使い方やヒントを紹介しています。
使用方法で共通しているものはアイコンで統一しました。

- **基本** ティーのいれ方やチンキの作り方などの**基本的な作業**を紹介しています。
- **保存** **保存方法**についてのヒントです。
- **ティー** 成分を**湯で抽出**したものの使い方です。
- **チンキ** 成分を**アルコールで抽出**したものの使い方です。
- **浸出油** 成分を**植物油で抽出**したものの使い方です。
- **パウダー** **ドライハーブを粉砕**したパウダーの使い方です。
- **生** **フレッシュハーブ**の使い方です。
- **酒** 成分を**ホワイトリカーや焼酎などで抽出**したものの使い方です。

使用部位

ハーブのどの部分を利用するのかをアイコンで表しています。風味や印象などのひと言コメントつき。

西洋ハーブ
Calendula
カレンデュラの万能軟膏は家庭の常備品
カレンデュラの浸出油を使って、軟膏を作りましょう。ひびやあかぎれから、アトピー性皮膚炎、ニキビ、湿疹、やけど、唇の乾燥と、まさに万能軟膏です。
1 ビーカーにカレンデュラの浸出油25mlとミツロウ5gを入れて、湯せんにかけます。ガラス棒などでときどきかき混ぜます。
2 ミツロウが溶けたら、湯せんから下ろし、保存容器に入れます。
3 軟膏が固まったら、ラベルを貼って出来上がり。冷暗所で保管し、3か月以内に使い切りましょう。

Data
学　名：Calendula officinalis
和　名：キンセンカ（金盞花）、トウキンセンカ
別　名：ポット・マリーゴールド
科名属名：キク科キンセンカ属
原産地：地中海沿岸
作　用：皮膚・粘膜の修復、消炎、抗菌、抗真菌、抗ウイルス
適　応：口腔の炎症、皮膚炎、創傷、下腿潰瘍
副作用：知られていない

基本
浸出油の作り方基本
ハーブを植物油に浸し、油に溶ける性質（脂溶性）の成分を植物油に溶出させたものを浸出油といいます。そのまま肌に塗って使うほか、軟膏やクリームを作る際の基剤としても利用します。
1 漬け込み用のガラス容器にドライハーブ（ここではカレンデュラ）4gを入れ、植物油100mlを注ぎます。ハーブが油に浸りきらなかったら、油を足しましょう。
2 ふたをしっかり閉め、軽く振って、ハーブと油をなじませます。
3 日当たりのよい場所に2週間置き、成分を溶出させます。1日1回容器を揺すりましょう。
4 2週間経ったら、キッチンペーパーでこしてハーブを取り出します。ハーブはキッチンペーパーごとよく絞って浸出油を取り出します。
5 保存容器に移し、ラベルを貼って冷暗所で保存します。3か月間で使い切りましょう。
＊漬け込み用のガラス容器は熱湯消毒して、よく乾かしておきます。
＊保存容器は遮光性の濃い色つきのものがおすすめです。
＊耐熱容器にハーブと植物油を入れ、30分〜1時間ほど湯せんにかけて成分を溶出する方法もあります。その日のうちにすぐに出来上がるメリットがあります。

西洋ハーブ
カレンデュラ
黄色が濃いものを選びましょう。特徴的な香りはありませんが、わずかな苦みがあります。
浸出油
カレンデュラオイルは妊娠中から産後まで大活躍
妊娠線の予防や乳頭のお手入れ、会陰マッサージにと、カレンデュラの浸出油は妊婦さんのボディケアに大いに役立つとして、推奨している助産師さんが多くいます。お母さんだけでなく、赤ちゃんのおむつかぶれにも使えるので、まさに一石二鳥の便利オイルです。

花
フワフワと軽いので、少々扱いづらいです
皮膚トラブルの強い味方
和名はキンセンカ（あるいはトウキンセンカ）。日本では切り花としても知られています。
鮮やかなオレンジ色の花びらにはルテインやリコピンなどのカロテノイドや、フラボノイドのクエルセチンが含まれていて、炎症を抑えて肌を整える作用が期待できます。
カロテノイドには傷ついた皮膚や粘膜を修復したり、保護する働きがあり、昔からやけどや肌荒れ、皮膚の炎症に用いられてきました。カロテノイドは油に溶ける性質があるので、植物性オイルに漬け込んだカレンデュラオイルを作っておくと重宝します。刺激が少ないので、赤ちゃんのおむつかぶれや妊婦さんの妊娠線対策、高齢者のスキンケアにも安心して使えます。
20

データ

ハーブとしてよく使われている種類を選び、その学名、名称、科名属名、原産地、作用、適応、副作用についてまとめてあります。諸説あるものについては、その一部の記載となっています。

ハーブの姿

リーフ状、パウダー状など、いろいろな姿があります。特徴についてのコメントつきです。

作用の見出し

ハーブが持つ作用を見出しで表しています。

ハーブの基礎知識

いつの間にか日常的に使われるようになったハーブという言葉。わかりやすく言い換えると「有用植物」。私たちの暮らしに役立つ植物はみんなハーブなのです。身近に生えている草木から、スーパーの棚に並んでいる野菜、カレーに入れるスパイス、乾燥した茶葉と、私たちはいろいろな姿をしたハーブに囲まれて暮らしています。

特別な力を持っています

植物も動物も、生きているものは体内に栄養を取り込み、それをエネルギーに変えて生命を維持しています。動物は食物を食べることでしかエネルギーを得られませんが、植物は光合成によって自ら栄養分を作り出しています。動物は直接、あるいは間接的に植物が作り出した栄養を取り込みます。つまり、植物の存在がなければ動物は生きていくことができないというわけです。

植物は自ら動くことができません。どんな状況にあっても、じっと耐えてその場に留まっています。そのため、生き残ることができるよう、植物は様々な対処能力を備えるようになりました。苦みや渋みがあれば虫や鳥に食べられなくなります。傷ついた部分をすぐに修復する成分や、紫外線にも負けない抗酸化作用のある成分など、植物が生体防御のために身につけた特別な成分を「フィトケミカル」（植物中の天然の化学物質）と呼びます。よく耳にするリコピン、サポニン、クエン酸といったものも、そのような機能性成分の中の一つです。

古くから人間とかかわってきました

その昔、人間は野山に分け入って狩猟や採集をし、食物を得て暮らしていました。何かを食べ、それが無事に排泄されることが「生きること」だった当時は、腹痛や下痢などの消化器系の不調が生死を分ける一大事でした。そういう症状に対して、苦みのある特定の草を食べると痛みが治まることを知るようになると、経験を積み重ねることによって、自分たちに必要な薬草をどんどん見つけていったのです。やがて、その草から有効な成分だけを取り出すことに成功し、医薬品が生まれました。現代では人工的に作り出すことができるようになった成分もありますが、今、私たちが使っている薬の成分の大半はハーブ由来のものなのです。

多様な成分を含んでいます

植物が兼ね備えているフィトケミカル成分は「いろいろなところ」に「相乗的に」かつ「穏やかに」作用するのが大きな特徴です。一方、医薬品は具合の悪いところに「ピンポイントで」効くように使われます。そこに大きな違いがあるのです。

成分の取り出し方（各ページに「作り方」を記載しています）

1. 水（湯）で抽出 → ハーブティー（水溶性成分） P13、15
2. 油で抽出 → 浸出油（脂溶性成分） P21
3. アルコールで抽出 → ハーブチンキ（水溶性＋脂溶性成分） P23
4. 酢で抽出 → ハーブビネガー P29
5. ハチミツで抽出 → ハーブハニー P39
6. 粉末で直接取り込む → ハーブパウダー P30
7. 蒸気で揮発させて取り込む → 蒸気吸入、芳香浴 P15、17

7つの方法

では、ハーブの持つフィトケミカル成分をどうやって取り出せばよいのでしょう？　それには上記の7つの方法があります。

これらの方法を使い、それぞれのハーブをどう活用するかを考えるのが、ハーブのもっとも楽しいところ。今日飲んだ1杯のハーブティーが、家族の健康や自分の美容に好転をもたらしてくれるのです。

ハーブは体に負担をかけることなく、継続して使用していくうちに、少しずつ自然治癒力を引き上げてくれます。さあ、まずは湯を沸かし、ハーブティーをいれてみましょう。

安全に正しく使うために

古くから民間薬として利用されていたハーブは、安全性が高いものと考えられています。ハーブはいろいろな成分を少しずつ含むため、一般の医薬品と比べると副作用の発現はごくわずかで、有害性は低いといわれています。しかし、ハーブの品質、使う人の体調、薬品などとの飲み合わせといった点で問題があると、有害反応が起こる可能性もあります。次のことに注意し、快適なハーバルライフを送りましょう。

ハーブは医療の代わりになるものではありません。体質や体調、利用法によっては、かえって健康を損ねる可能性もあるので、必要に応じて医師や薬剤師に相談しましょう。本書の著者、監修者ならびに出版社は、この本の使用により生じた損傷、負傷、その他について責任を負うことはありません。

1 信頼できるものを選択

学名や部位を確認し、確かな品質のものを、信頼できるところで購入しましょう。

2 体調や体質に合わせて

いつも飲んでいるハーブでも違和感を感じたらすぐに使用をやめましょう。また、アレルギー体質の場合は、アレルゲンとなる成分を含んでいるハーブやその他の基剤を使用してはいけません。

3 医薬品との飲み合わせに注意

相互作用が生じる場合があります。特に持病があり、常用している医薬品がある場合は、勝手な判断はせず医師や薬剤師に相談しましょう。

4 妊娠中および授乳中は注意が必要

通経作用や収れん作用、ホルモン系に作用する成分を含むハーブは、妊娠中や授乳中の女性の体に影響を与えます。使用を控えましょう。

5 乳幼児に与える場合はよく観察して

穏やかに作用するハーブは、自然治癒力を高めるという観点から、乳幼児にもおすすめです。ハーブは香りやクセがあるので、薄めたり、ジュースに混ぜるなどして、飲みやすくするとよいでしょう。しかし、子どもは免疫力が弱く、体が未発達であるため、体調の変化が早いのが特徴です。ハーブを与えて様子がいつもと違うなと感じたら、すぐに使用をやめ、かかりつけの医師に相談しましょう。

6 自分で楽しむために

ローションや軟膏のように手作りしたものは、自己責任のもと、自分で楽しむために使用してください。製品として第三者に販売することは禁止されています。

西洋ハーブはチカラ植物

西洋ハーブを楽しみましょう

古代ギリシャ時代、医学の祖と呼ばれるヒポクラテスは、４００種にも及ぶハーブを処方したといわれています。その後、ドイツの修道院を中心に、ハーブを利用した臨床医学が広まっていきました。19世紀になり、ハーブから薬効成分を取り出して医薬品が誕生すると、一気に西洋医学の流れが確立。現在、西洋医学が医療の中心であることに変わりはありませんが、副作用が少なく、自然の力を持つハーブとの併用が注目されるようになっています。

ハーブの持つ力は決して強力なものではありませんが、**「多様な成分が相乗的に作用する」**、**「日常に取り入れやすく継続しやすい」**ことを考えると、健康維持や生活習慣病予防に大いに役立つといえるでしょう。

ハーブには3つのタイプがあります。

フレッシュハーブ

家庭菜園で育てたハーブや食用のハーブを生のまま楽しみましょう。フレッシュハーブの魅力はさわやかな香りです。また美しい色合いは視覚からの癒しを与えてくれます。フレッシュはドライと比べると水分が多いので、同量の成分を取り出そうとすると、ドライの4倍量が必要だといわれています。

おもな利用法
ティー、サラダ、ビネガー、オイル、薬味など。

選び方
葉の緑色が鮮やかなもので、ハリのあるものを。

保存法
切り口を濡れたキッチンペーパーで包み、密閉容器に入れて冷蔵庫の野菜室へ。真夏以外なら水に挿しておいてもよいでしょう。

ドライハーブ

収穫後、冷風に当ててすぐに乾燥させたものをいいます。ドライハーブは季節に関係なく手に入ること、フレッシュハーブと比べて成分が濃いことがポイント。シャープな香りを楽しみましょう。

おもな利用法
ティー、チンキ、オイル（浸出油）、蒸気吸入など。

選び方
ドライハーブは専門店で「食品」として扱われているものを選びます。生活雑貨店で売っているハーブは「雑貨」扱いで食用には向きません。

保存法
湿気に十分注意します。乾燥剤とともに密閉容器に入れ、冷暗所に置きます。少しずつ買い足して、常に鮮度のよいものを使うようにしましょう。

精油

ハーブの花、葉、茎、根、果実、果皮、種子などに含まれる芳香成分で、抗酸化作用をはじめとする様々な効能があります。揮発性の香りは脳に直接働きかけるので、生理面と心理面の両方に作用するのが特徴です。

おもな利用法
アロマテラピー（芳香療法）として利用されます（P17を参照）。

選び方
信頼のおけるショップで品質のよいものを入手しましょう。

保存法
風通しのよい冷暗所に置き、開封したら1年を目安に使い切ります。

注意
精油の成分は強い作用を持つので、適量を守って使いましょう。直接肌につけたり、飲用したりしてはいけません。

ジャーマンカモミール

German chamomile

花

花の芯が長いのが特徴

世界で一番親しまれている 鎮静・消炎ハーブ

気分を落ち着かせるお茶として、童話『ピーターラビット』にも登場します。ドイツでは「母なる薬草」と呼ばれ、子どもが腹痛やかぜのひき始めのときには、カモミールティーを飲ませてベッドで静かにさせるとか。

独特の甘い香りがあるマーガレットのような花は、抗酸化作用のあるフラボノイドのアピゲニンやルテオリンを含み、鎮静、鎮痙、消炎作用があります。胃炎や月経痛、冷え性、不眠などの症状に効果を発揮します。

飲みやすいハーブですが、キク科アレルギーのある人は注意しましょう。

消炎　鎮静　鎮痙　駆風

甘い花の香りと草の香りが合わさったような風味。リンゴの香りという人もいます。

保存　保存するならドライ？それとも冷凍？

せっかく生のジャーマンカモミールが手に入った場合は、ドライではなく、冷凍保存がおすすめです。ただし、香りも色もどんどん劣化してしまうので、早めに使いましょう。

ティー 生

フレッシュハーブティーの やわらかい味わい

生のジャーマンカモミールが手に入ったら、ぜひハーブティーで楽しんでみてください。新鮮なハーブから立ち上る香りは甘くてやわらかく、体にすーっと入ってくるのがわかります。
効果はドライハーブより劣りますが、フレッシュならではの清々しい香りと季節感が味わえるでしょう。

基本 フレッシュハーブティーのいれ方 基本

1 ハーブは軽く水洗いし、汚れを落としたら、小さくちぎります。
2 1杯あたりティースプーン山盛り1杯をティーポットに入れ、湯を注ぎます。
3 ハーブから出る揮発性の成分を逃がさないよう、必ずふたをして、3分抽出します。
4 ポットを軽く揺すり、濃度を均一にしてから、カップに注ぎます。
＊ジャーマンカモミールの場合は、1杯あたり花5〜6個が目安です。生花は濡れると花粉が落ちてしまうので、さっと汚れを払う程度でよいでしょう。

1

2

3

4

品種 ローマンカモミール

ジャーマンカモミールとは別の種類で、精油で使われることが多いハーブです。ジャーマン種と比べると花の中心部分が平らなので見分けられます。

チンキ

ジャーマンカモミールのチンキ

ハーブをアルコール類に浸して、有効成分を溶出させたものをチンキといいます。ウォッカに漬けて作ったチンキは、内用にも外用にも使えます。ジャーマンカモミールのチンキはかぜの初期症状や不眠、月経痛、更年期のイライラなどに効果が期待できます。飲み物に数滴たらして服用しましょう（チンキについて詳しくはP23を参照）。

Data

学　名	Matricaria chamomilla Matricaria recutita
和　名	カミツレ（加密列）
科名属名	キク科シカギク属
原産地	インド、ヨーロッパから西アジア
作　用	消炎、鎮静、鎮痙、駆風
適　応	胃炎、胃潰瘍、月経痛、皮膚炎（外用）、口内炎（外用）
副作用	知られていない

西洋ハーブ

ペパーミント

Peppermint

葉

シングルで飲んでも
ブレンドしても使いやすい

飲んですっきり胃腸の不調に

タブレットやガムなどのお菓子やローションなどの化粧品でおなじみのミントには、たくさんの種類があります。ハーブティーとして広く流通しているのはペパーミントです。

さわやかな清涼感の正体はメントールという香り成分。この成分は中枢に直接働きかけるので、脳を刺激し、活性化します。そのため、頭痛が改善されたり、眠気がなくなったりします。

身近なハーブですが、じつは抗酸化作用のあるフラボノイドを含み、胃腸の働きを促進する作用があります。特に鼓腸や過敏性腸症候群を鎮めてくれる、大変有用なハーブなのです。

いろいろなハーブとの相性がよく、ブレンドの際に大変重宝します。

鎮痙

駆風

利胆・強肝

鼻に抜けるすっきりとしたメントールの香り。緑色が鮮やかなものを選びましょう。

栽培 育てやすいハーブの代表

暑さ寒さに強く丈夫で、苗も手に入りやすいミント類。日当たりがよい場所なら、鉢植えでもよく育ちます。ミントは地下茎をどんどん伸ばして広がっていきます。鉢の中ですぐに根がいっぱいになってしまうので、毎年植え替えをしましょう。

アップルミント
やわらかい葉が特徴で、リンゴの香りがします。

スペアミント
ペパーミントよりも甘い香り。お菓子作りにも。

ブラックペパーミント
葉の色が濃く、香りもシャープでピリリとします。

和薄荷
香りが強く、ペパーミントよりメントールを多く含みます。

基本

ドライハーブティーの いれ方 基本

1 1杯あたりティースプーン1杯のドライハーブを、ネット付きのティーポットに入れ、湯を注ぎます。

2 ハーブから出る揮発性の成分を逃がさないよう、必ずふたをして、3分抽出します。根のものや実のものなど、かたい素材の場合は5分おきましょう。

3 ハーブを取り出し、ポットを軽く揺すって、濃度を均一にしてから、カップに注ぎます。

＊ネット付きのティーポットがない場合は、茶こしを使い、できるだけ早く注ぎ切りましょう。

1

2

3

蒸気吸入

眠気を 吹き飛ばし 集中力を高める

ペパーミントに含まれるメントール成分が脳を刺激し、眠気やだるさを取り払ってくれます。ドライハーブ（またはフレッシュハーブ）を使って、蒸気吸入をしてみましょう。

1 洗面器にドライのペパーミントを入れ、熱湯を加えます。

2 頭からバスタオルをかぶり、洗面器を包み込むようにして、立ち上る蒸気をゆっくりと吸い込みましょう。

＊揮発性成分が目を刺激するので、目は閉じて行います。洗面器に近づきすぎるとやけどをしたり、むせたりするので注意します。

Data

学　名	Mentha × piperita
和　名	セイヨウハッカ（西洋薄荷）、コショウハッカ（胡椒薄荷）
科名属名	シソ科ハッカ属
原産地	地中海沿岸、ヨーロッパ
作　用	賦活（のち鎮静）、鎮痙、駆風、利胆
適　応	眠気・集中力欠如などの精神神経症状、腹部膨満感、鼓腸、食欲不振、過敏性腸症候群
副作用	胆石の人は禁忌

浸出油

胃腸の不調には ミントオイルを外用で

植物油などにハーブを漬け込み、成分を溶出したものが浸出油です。ペパーミントをマカダミアナッツ油に漬けて作ったミントオイルを使って、胃のあたりをトリートメントすると、胃の不快感が取れ、すっきりします。筋肉痛にも効果が期待できます。生のハーブで作る場合はカビが生えやすいので、必ずハーブがオイルに浸るようにします。

ラベンダー

西洋ハーブ

Lavender

花

ドライ1枝だけでも
よく香ります

香りNo.1リラックスハーブの代表

鎮静　鎮痙　抗菌

部屋にラベンダーの1枝があるだけで清々しい香りが広がり、空気も気持ちもリフレッシュされます。

ラベンダーは、多くの化粧品に使われる芳香成分の酢酸リナリルやリナロールを全草に多く含んでいるのが特徴です。この香りには**鎮静・鎮痙作用があり、心を落ち着かせ安定させるとともに、肩こりや腰痛などの痛みを抑えてくれます**。緊張から解かれることで、**胃腸の不調や高血圧にも有効です**。また、**強い抗菌・抗真菌作用**がありますが、皮膚に対する刺激が少ないので、スキンケアにも気軽に使うことができます。

ラベンダーは鼻から入った香りを脳から全身に届けることで、より効果が発揮されるハーブなので、**芳香浴がおすすめです**。

花のつぼみ一つ一つが整っていて、紫色がはっきりしているものを選びましょう。

ドライ　ドライラベンダーの作り方

収穫したラベンダーはさっと洗ってから水けをよくふき取っておきます。

ラベンダーは茎がしっかりしたハーブなので、束ねて吊るすことができます。ただし、重なった部分はカビが生えやすいので、小さい束に分けましょう。直射日光が当たらず、風通しがよいところに吊るして乾燥させます。エアコンの送風モードを使ってもよいでしょう。

ラベンダーの精油を使いこなしてみよう

芳香浴 アロマライトやディフューザー（芳香器）を使い、精油を揮発させます。

蒸気吸入 洗面器に熱湯（1ℓ）を入れ、精油を1〜3滴たらし、立ち上がった蒸気を吸入します。

オイルトリートメント ホホバ油やマカダミアナッツ油などの植物油（10mℓ）に精油2滴を加えたものを使って、力を入れずやさしくマッサージをします。

軟膏（P21参照） ミツロウ5gにマカダミアナッツ油25mℓを加え、湯せんにかけてミツロウを溶かしたら、精油10滴を加えてよく混ぜます。

パック（P69参照） クレイ（陶土の一種）やヨーグルト、ハチミツなどパックの基剤に精油を1滴加えてよく混ぜ、パック剤にします。

ルームフレッシュナー 消毒用エタノール10mℓに精油10〜12滴を加え、よく混ぜてから精製水50mℓを加えます。スプレー容器に入れて使いましょう。

手でビンを覆い、温めます。空気穴を上にして傾けるように。1滴ずつうまく落ちてきます。

精油の使い方

精油

精油とは**植物の花や葉、果皮、樹皮、根、種子などから抽出した天然の素材で、有効成分を高濃度に含んだ揮発性の芳香物質です。**植物によって香りや成分、そして機能が異なります。精油は油やアルコールには溶けますが、水には溶けにくい性質を持っています。

精油を外用する場合は**必ず希釈し、まずは1%濃度を目安に使います。**あらかじめパッチテストを行っておくと安心です。原則として原液では使用しない*こと、また、内服することは避けましょう。

*ラベンダーは小さなやけどや水虫など、ごく狭い範囲に限って原液をつける方法もあります。

入浴剤

ラベンダーのバスソルトでイライラ解消

天然塩を使ってバスソルトを作りましょう。塩40gに対してラベンダー精油4滴を加え、よく混ぜます。ドライハーブを加える場合は、小さな布の袋などに入れてからバスタブに入れるとよいでしょう。

Data

学名	Lavandula angustifolia Lavandula officinalis Lavandula vera
別名	真正ラベンダー
科名属名	シソ科ラベンダー属
原産地	地中海沿岸
作用	鎮静、鎮痙、抗菌
適応	不安、就眠障害、神経疲労、神経性胃炎
副作用	知られていない

西洋ハーブ

ローズマリー

Rosemary

葉

フレッシュ
ローズマリーの枝を
触るとべたつくのは
精油成分が
多いからです

抗酸化作用で若返り効果絶大

ローズマリーの化粧水を使った78歳のハンガリー女王が、30歳年下の隣国の王子に求婚されたというエピソードがあるように、ローズマリーはハーブの中でも特に抗酸化作用が強いといわれ、「老化を予防するハーブ」として一躍脚光を浴びるようになりました。

ローズマリーに含まれるルテオリンという成分には血流促進作用があるため、肩こりや頭痛のほか、肌荒れやくすみの改善にも効果を発揮します。血の巡りがよくなることで、動脈硬化の予防にもつながります。

また、記憶力の低下を抑える作用があるといわれているロスマリン酸を含み、認知症予防効果も期待されています。

ただし、高血圧の人は使用に注意が必要です。

針葉樹に似たツンとする香り。風味が強いのでブレンドの際は量を調節して。

品種 3つのタイプがあります

学名が同じ植物でも、生育環境によってまったく異なる成分の構成をしているものがあり、ケモタイプと呼ばれています。ローズマリーには3種類のケモタイプがあり、それぞれ違った特徴があるため、作用も異なります。

- ・ローズマリー カンファー（Camphor）：血行促進作用。
- ・ローズマリー シネオール（Cineole）：集中力や記憶力アップ。勉強や認知症予防が目的ならこのタイプ。
- ・ローズマリー ベルベノン（Verbenone）：消化器系の不調やホルモン調整に。若返り目的ならこのタイプ。

抗酸化

血行促進

精油

精油を使って簡単に作れるローズマリーローション

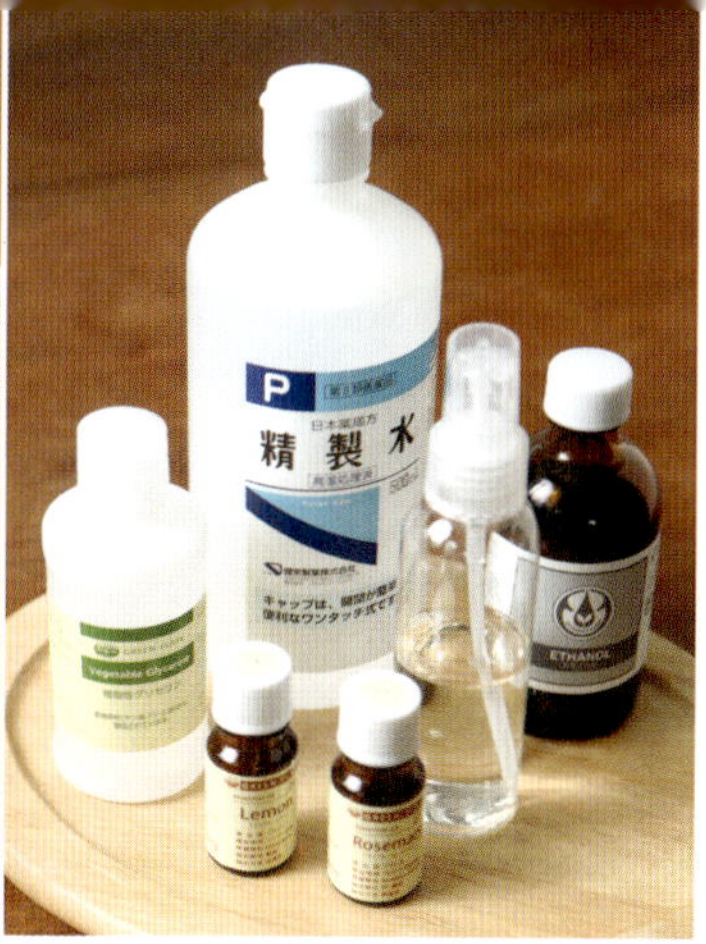

少量ずつ作って、なるべく早く使い切るようにしましょう。グリセリンを加えるとしっとりタイプのローションに、加えなければさっぱりタイプになります。

材料

消毒用エタノール（あるいは無水エタノール）5mℓ、精製水40mℓ、グリセリン5mℓ、精油5滴（ローズマリー精油3滴＋レモン精油2滴など）

1 スプレー容器にエタノールを入れ、そこに精油を加えてよく振ります。
2 1にグリセリンを加え、よく混ざったら精製水を加えて、出来上がり。グリセリンを使わない場合は精製水を45mℓにしましょう。

＊無水エタノールは一部ハーブショップで取り扱っています。

ドライ

血行を促進して冷えを改善 足浴のすすめ

冷え性で便秘がち、肩こりがひどく、いつもだるい、そんな状態なら、足浴がおすすめです。椅子に座ってのんびり浸かること15分。体全体がぽかぽかしてきます。

1 洗面器にドライのローズマリー10gを入れ、熱湯を注いだら、そのまま10分ほどおきます。その間、蒸気吸入を楽しんでもよいでしょう。
2 湯の温度を調整し、適温にしたら、くるぶしまで浸かりましょう。お湯が冷めたら、熱いお湯を足します。

ナイトキャップにローズマリーワイン

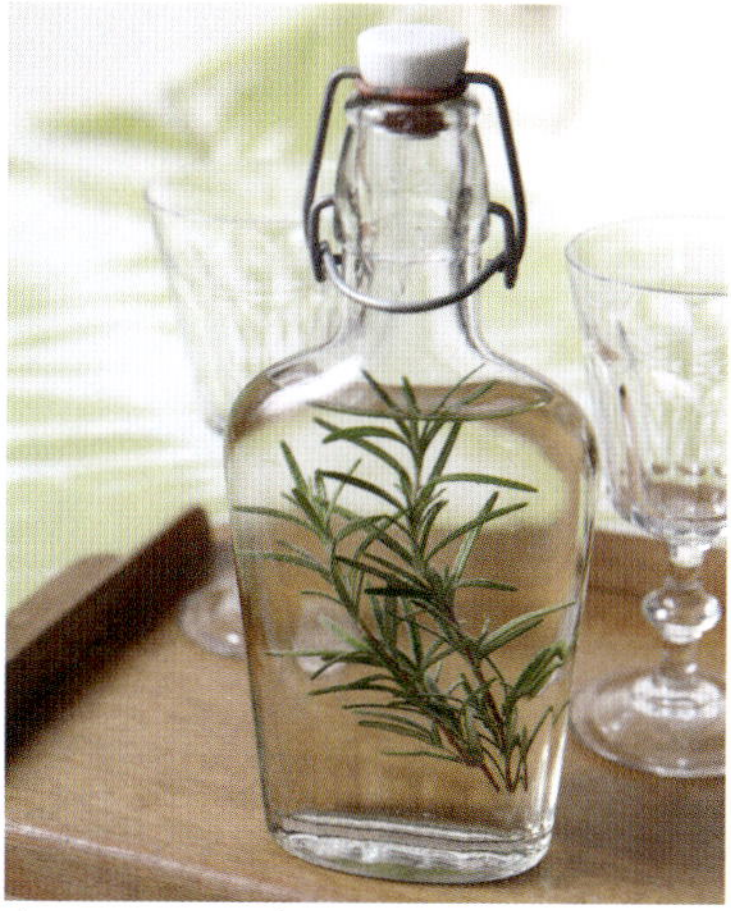

白ワインにローズマリーの枝を1週間ほど漬け込んで、風味を移します。冷え性や虚弱体質の人、寒くなると気力が失せる人、高齢者のナイトキャップにおすすめです。

Data

学　名	Rosmarinus officinalis
別　名	マンネンロウ、メイテツコウ（迷迭香）
科名属名	シソ科マンネンロウ属
原産地	地中海沿岸
作　用	抗酸化、消化機能促進、血行促進、陽性変力
適　応	食欲不振、消化不良、循環不良、リウマチ、関節炎
副作用	知られていない

カレンデュラ

花

フワフワと軽いので、
少々扱いづらいです

皮膚トラブルの強い味方

和名はキンセンカ（あるいはトウキンセンカ）。日本では切り花としても知られています。

鮮やかなオレンジ色の花びらにはルテインやリコピンなどのカロテノイドや、フラボノイドのクエルセチンが含まれていて、**炎症を抑えて肌を整える作用**が期待できます。

カロテノイドには**傷ついた皮膚や粘膜を修復したり、保護する働き**があり、昔から**やけどや肌荒れ、皮膚の炎症**に用いられてきました。カロテノイドは油に溶ける性質があるので、植物性オイルに漬け込んだカレンデュラオイルを作っておくと重宝します。刺激が少ないので、赤ちゃんのおむつかぶれや妊婦さんの妊娠線対策、高齢者のスキンケアにも安心して使えます。

粘膜保護

消炎

抗菌

黄色が濃いものを選びましょう。特徴的な香りはありませんが、わずかな苦みがあります。

浸出湯

カレンデュラオイルは妊娠中から産後まで大活躍

妊娠線の予防や乳頭のお手入れ、会陰マッサージにと、カレンデュラの浸出油は妊婦さんのボディケアに大いに役立つとして、推奨している助産師さんが多くいます。お母さんだけでなく、赤ちゃんのおむつかぶれにも使えるので、まさに一石二鳥の便利オイルです。

カレンデュラの万能軟膏は家庭の常備品

カレンデュラの浸出油を使って、軟膏を作りましょう。ひびやあかぎれから、アトピー性皮膚炎、ニキビ、湿疹、やけど、唇の乾燥と、まさに万能軟膏です。

1 ビーカーにカレンデュラの浸出油25㎖とミツロウ5gを入れて、湯せんにかけます。ガラス棒などでときどきかき混ぜます。

1

2 ミツロウが溶けたら、湯せんから下ろし、保存容器に入れます。

2

3 軟膏が固まったら、ラベルを貼って出来上がり。冷暗所で保管し、3か月以内に使い切りましょう。

3

Data

学名	Calendula officinalis
和名	キンセンカ（金盞花）、トウキンセンカ
別名	ポット・マリーゴールド
科名属名	キク科キンセンカ属
原産地	地中海沿岸
作用	皮膚・粘膜の修復、消炎、抗菌、抗真菌、抗ウイルス
適応	口腔の炎症、皮膚炎、創傷、下腿潰瘍
副作用	妊娠中はティーの飲用をしない キク科アレルギーのある人は使用しない

基本

浸出油の作り方基本

ハーブを植物油に浸し、油に溶ける性質（脂溶性）の成分を植物油に溶出させたものを浸出油といいます。そのまま肌に塗って使うほか、軟膏やクリームを作る際の基剤としても利用します。

1

1 漬け込み用のガラス容器にドライハーブ（ここではカレンデュラ）4gを入れ、植物油100㎖を注ぎます。ハーブが油に浸りきらなかったら、油を足しましょう。

2

2 ふたをしっかり閉め、軽く振って、ハーブと油をなじませます。

3

3 日当たりのよい場所に2週間置き、成分を溶出させます。1日1回容器を揺すりましょう。

4

4 2週間経ったら、キッチンペーパーでこしてハーブを取り出します。ハーブはキッチンペーパーごとよく絞って浸出油を取り出します。

5

5 保存容器に移し、ラベルを貼って冷暗所で保存します。3か月間で使い切りましょう。

＊漬け込み用のガラス容器は熱湯消毒して、よく乾かしておきます。
＊保存容器は遮光性の高い色つきのものがおすすめです。
＊耐熱容器にハーブと植物油を入れ、30分～1時間ほど湯せんにかけて成分を溶出する方法もあります。その日のうちにすぐに出来上がるメリットがあります。

西洋ハーブ

セントジョーンズワート

St. John's Wort

花 葉 茎

お茶の風味は草の香り

沈んだ気分を引き上げる天然の抗うつ剤

古代ギリシャの時代より、兵士の傷を癒すために用いられていたハーブで、夏至の頃に収穫した花や茎葉は治癒力がもっとも高くなっているといわれています。血管を強くするルチンや収れん作用のあるタンニンを含むので、傷のほか、やけどや虫さされ、かぶれにも役立ちます。

やる気がない時や落ち込んでくよくよするときに、気持ちを立て直してくれるのがセントジョーンズワートのティーです。子どもが落ち着きがないなど、情緒不安定なときに飲ませるのもよいでしょう。

ただし、紫外線に当たるとアレルギーを起こす可能性のある成分を含むので、特に色白な人は気をつけて。また、相互作用に注意をしなければならない薬があるので、注意しましょう。

消炎

鎮痛

花

通常のドライハーブには花も含まれています。もしドライの花が手に入ったらぜひチンキやオイルに。

品種 『弟切草』の話

日本在来のオトギリソウは同属の別種ですが、ふしぎな名前には由来があります。晴頼という鷹匠がこの薬草を使って鷹の傷を治していたことを秘密にしていたが、弟がそれを他人に話してしまい、怒った兄が弟を斬ったという中国の逸話から名づけられました。花や葉にある赤黒い斑点は、その時の返り血だといわれています。

花弁が黄色い花ですが、チンキにすると鮮やかな赤に。ヒペリシンという紅い色素成分を秘めていることがわかります。

基本

チンキの作り方 基本

水に溶けにくい有効成分がアルコールに溶け出すため、ハーブティーよりも多様な成分を含んでいるのがチンキです。また、アルコールは殺菌作用があるので、保存期間が1年あるのも大きなメリットです。チンキを作る際に、ウォッカ、ホワイトリカーなどを使うと、飲用（内用）もできます。

内用したチンキは口の中の粘膜や胃からも吸収されるため、即効性があり、わずかな量でもしっかりと効果があることが特徴です。アルコール度数が高いので、30〜100倍に薄めて飲むこと。子どもの誤飲や火気にも注意してください。湿布などで外用する場合は、4〜10倍に薄めて使いましょう。

1

2,3

4

5

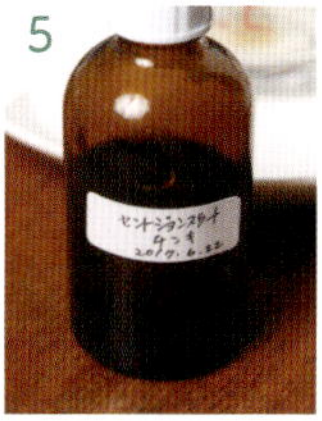

1 熱湯消毒した漬け込み容器にドライハーブ（ここではセントジョーンズワート）4gを入れ、ウォッカ（アルコール度数40度）またはホワイトリカー（アルコール度数35度）80mℓを注ぎます。

2 ふたをしっかり閉め、軽く振って、ハーブとアルコールをなじませます。

3 冷暗所に2週間おき、成分を溶出させます。1日1〜2回ビンを揺すりましょう。

4 2週間経ったら、茶こしでこしてハーブを取り出します。

5 保存容器に移し、ラベルを貼って冷暗所で保存します。保存期間は1年です。

ティー

飲みやすいブレンドは？

くよくよと落ち込んだとき

セントジョーンズワート ＋ パッションフラワー ＋ カモミール

月経痛やPMS

セントジョーンズワート ＋ ラズベリーリーフ ＋ カモミール

ダイエットのイライラに

セントジョーンズワート ＋ クワ ＋ ペパーミント

元気と自信を取り戻す

セントジョーンズワート ＋ ローズヒップ ＋ ハイビスカス

更年期でだるいとき

セントジョーンズワート ＋ セージ ＋ ペパーミント

Data

学　　名：Hypericum perforatum
和　　名：セイヨウオトギリソウ（西洋弟切草）
別　　名：ヒペリカム
科名属名：オトギリソウ科オトギリソウ属
原 産 地：ヨーロッパ
作　　用：抗うつ、消炎、鎮痛
適　　応：神経疲労、軽度〜中等度の抑うつ、季節性感情障害、生理前症候群、創傷、やけど
副 作 用：光感作作用のため特に色白の人は注意。また、抗うつ薬、強心薬、免疫抑制薬、気管支拡張薬、脂質異常症治療薬、抗HIV薬、血液凝固阻止薬、経口避妊薬などの薬との併用は避けること

飲み合わせの際の注意

セントジョーンズワートは薬物代謝酵素の働きを高めるため、医薬品の効果を弱める可能性があります。特に次の薬との併用には注意をするよう、厚生労働省から発表されています。
インジナビル（抗HIV薬）、ジゴキシン（強心薬）、シクロスポリン（免疫抑制薬）、テオフィリン（気管支拡張薬）、ワルファリン（血液凝固防止薬）、経口避妊薬。
心配な場合は医師に確認しましょう。

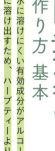

西洋ハーブ

セージ

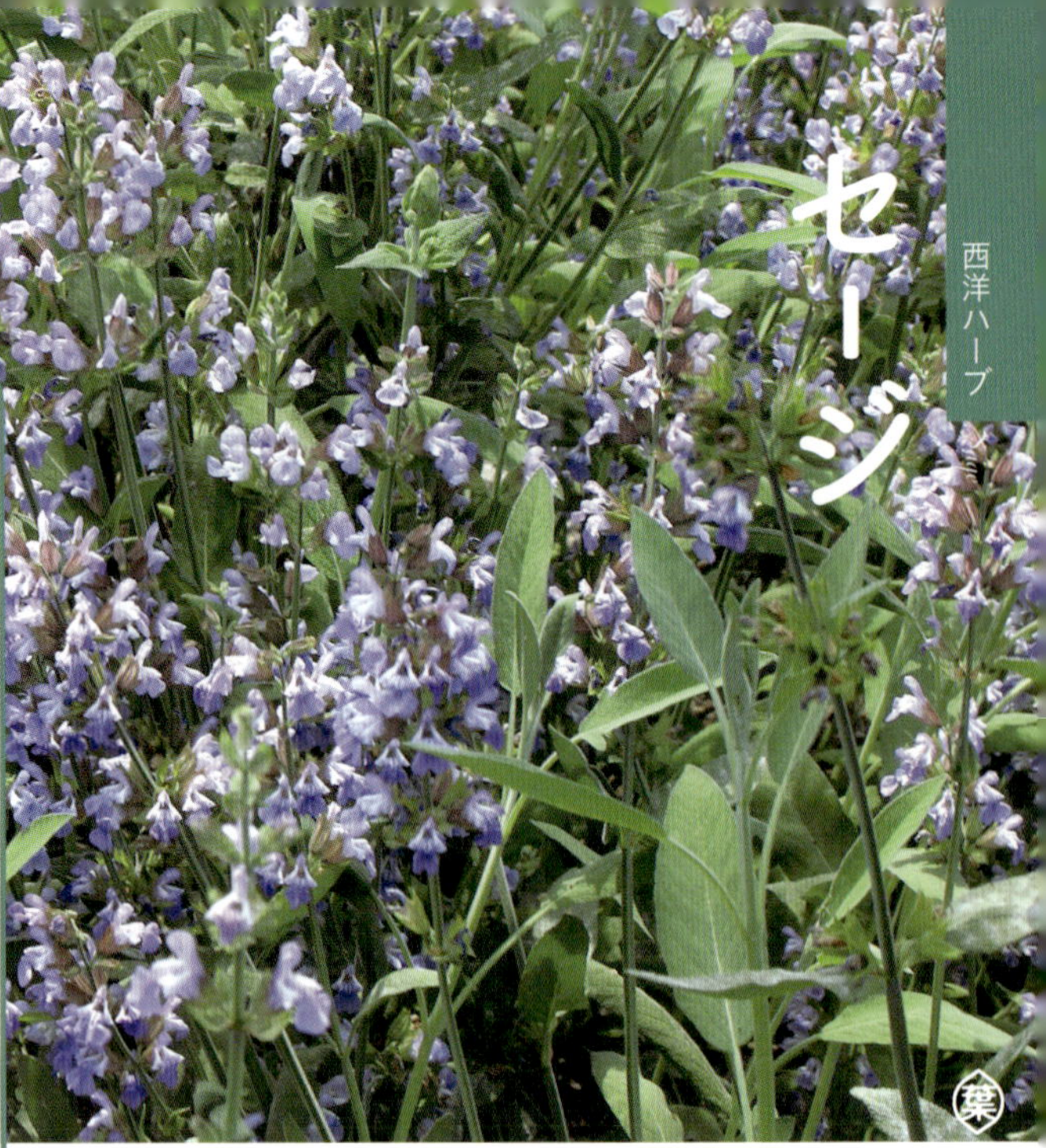

薬

ドライになると白っぽく見えます

記憶や感覚を蘇らせる強い効能

抗菌

抗ウイルス

収れん

セージはサルビアの仲間で、チェリーセージやメキシカンセージなど、セージという名前がついた園芸品種がたくさんありますが、薬用ハーブとして利用されているのはコモンセージ（あるいはガーデンセージ）という種類です。

独特のシャープな香りには殺菌作用があり、肉や魚の臭い消しとして用いられることも多くあります。また、収れん作用があるタンニンを含むので、月経過多や多汗、母乳の分泌を抑制する働きのほか、更年期の諸症状にも大変有効です。

クセがあるハーブですが、ローズマリーに次ぐ強い抗酸化作用があり、記憶力を向上させたり、衰えた感覚を取り戻す作用があることから、老化防止に役立つと考えられています。

クセがあるシャープな香りは薬のような風味。飲んだあとはすっきりします。

ティー

クセがあるセージを飲みやすくするには

マイルド系
リンデン

アクセントに
ペパーミント

さわやか系
レモングラス

個性が強いハーブは単体で飲まず、ブレンドしてみましょう。リンデンやカモミールのようなマイルド系ハーブに合わせてクセを抑えてみる、ネトルやスギナなどのあっさりハーブに加えて野草茶風にする、レモングラスやレモンバームなどのさわやか系に合わせてアクセントにする、といったふうに組み立ててみるのも楽しいものです。ちょっとまとまりがないなという場合には、ペパーミントを加えると飲みやすくなります。

また、少量ずつ、回数をふやして飲むという方法もあります。

Sage

ティー

更年期に有効な女性向けハーブ

女性ホルモンの分泌が減少する更年期には、のぼせやめまい、気分の落ち込みなどの症状が現れます。セージに含まれるロスマリン酸には収れん作用があるため、ホットフラッシュの予防や改善、寝汗の緩和にも有効です。また、ホルモンバランスを整える作用もあります。骨粗しょう症を予防するスギナ、抑うつ作用があるセントジョーンズワート、緊張をほぐすパッションフラワーやジャーマンカモミールなどとブレンドしたティーで、更年期特有の憂うつな症状を軽減しましょう。

精油

近縁種のクラリーセージは精油で利用

セージと同属別種のクラリーセージ(Salvia sclarea)は和名で「鬼サルビア」と呼ばれる大型のセージ。マスカットに似た甘い香りがあり、香水や化粧品の原料としても利用されています。女性ホルモンの分泌を調整する働きがあるスクラレオールという成分を含むので、更年期の諸症状や月経痛、PMSに効果が期待できます。芳香浴やオイルトリートメントで利用します。ただし、鎮静作用が強く現れる場合があるので、運転前の使用は控えましょう。

チンキ

セージのチンキで口腔ケアに

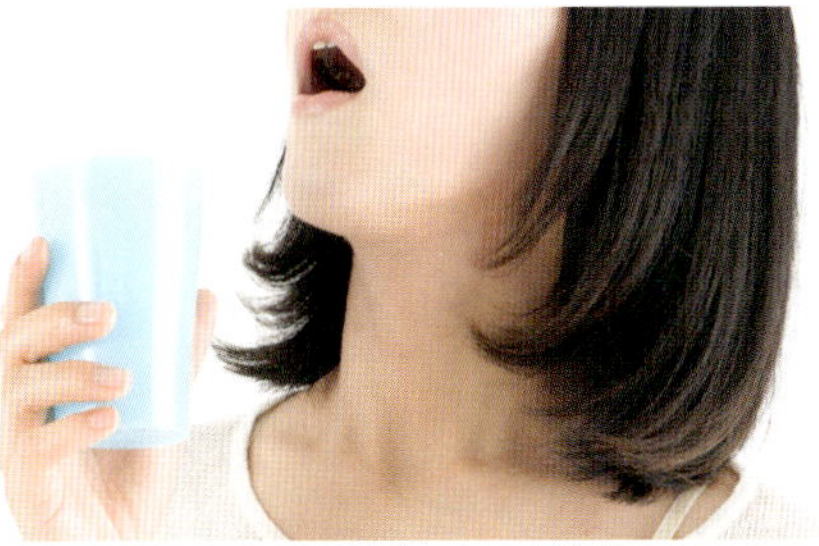

セージ：タイム：ペパーミントを2：2：1の割合で合わせ、チンキを作ります。水で薄めてマウスウォッシュにすると、その殺菌作用で、のどの痛みや違和感、口内炎、歯肉炎などの口腔トラブルを和らげてくれます。口臭予防効果もあり、歯磨きができないときにも重宝です。

Data

学名	Salvia officinalis
和名	ヤクヨウサルビア(薬用サルビア)
別名	コモンセージ、ガーデンセージ
科名属名	シソ科サルビア属
原産地	地中海沿岸、北アフリカ
作用	抗菌、抗真菌、抗ウイルス、収れん、発汗抑制、母乳分泌抑制
適応	口腔、咽頭の炎症、口内炎、歯肉炎、更年期や心身症の発汗異常、寝汗
副作用	妊娠中は使用しない。長期服用不可

西洋ハーブ

タイム

Thyme

葉

背丈は伸びませんが、
草ではなく低木です

強い抗菌作用が呼吸器系を整える

抗菌　去痰　鎮痙

古くから勇気の象徴とされ、古代ローマの戦士たちは気持ちを奮い立たせるためにタイムの枝を入れて入浴したそうです。

タイムの精油に含まれるチモールやカルバクロールに強い抗菌・殺菌作用があり、香りを吸入することでのどや気管支だけでなく、肺にまでその効果が及びます。また、サポニンを含んでいるため、絡んだ痰を出しやすくする作用もあるのです。この抗菌作用は衣類の虫よけやペットのノミよけにも利用できます。

効能が強いため、精油として利用する際には注意が必要ですが、ハーブティーとしては穏やかに作用するので、ドイツの小児科では子どものかぜに処方されています。

薬に似た強い香りで、ほろ苦さもあります。飲んだあとは身が引き締まる感じ。

パウダー

旅行のお供にタイムブレンドのパウダーはいかが？

旅行中は食べ慣れないものを食べたり飲んだりする機会が多いのではないでしょうか？　また、ホテルの空調が合わずにかぜ気味になってしまった、なんて経験はありませんか？　そんな場合に備えて、タイムとペパーミントを一緒にミルにかけてパウダーにし、携帯しましょう。きっと役立ちますよ。

ペパーミントパウダー + タイムパウダー

ペットケアにも ハーブのチカラを

家族の大切な一員であるペットの体調管理にも役立つハーブがあります。体の大きさによって与える量は調整が必要ですが、症状によって与えるハーブは、ほぼ人間の場合と同じでよいといわれています。抗菌力が強いタイムは歯肉炎や消化不良、駆虫に。パウダーをエサに振りかけたり、スポイトなどでティーを口に流し込んで与えます。その他、アレルギー体質の改善にはネトル、不安にはセントジョーンズワート、外傷にはカレンデュラやエキナセアがよいでしょう。ただし、症状が重い場合や改善がみられない場合は、早めに獣医師の診断を受けさせましょう。

チンキ

のどがイガイガしたら タイムスプレー

タイムのチンキ10滴を精製水10mℓに加え、小さなスプレー容器に入れれば、携帯用のどスプレーの出来上がり。免疫力を高めるエキナセアのチンキがあれば、ブレンドしてもよいでしょう。すっきりしますよ。

ハーブハニー

タイムハニーは 子どもにも

タイムの抗菌作用や鎮痙作用は子どもの喘息や気管支炎にも効果が期待できます。タイムをハチミツに漬け込んだタイムハニーを作っておき、湯で薄めて飲ませます。咳き込んだ時の気管支痙攣《けいれん》も和らげてくれるでしょう。
ハーブハニーは湯せんにかけて作りますが、効能が強いタイムなら浸しておくだけでも有効です。

Data

学名	Thymus vulgaris
和名	タチジャコウソウ（立麝香草）
別名	コモンタイム
科名属名	シソ科イブキジャコウソウ属
原産地	ヨーロッパ、北アフリカ
作用	抗菌、去痰、気管支鎮痙
適応	気管支炎、百日咳、上気道カタル、消化不良、口臭
副作用	妊娠中は使用しない

バジル

Basil

葉 種

葉は水分がつくとすぐに黒くなるので注意

おいしいだけでなく 鎮痛やリラックス効果も

食用ハーブの中では一番人気の種類なので、自分で育てたバジルで料理を楽しむ人も多いでしょう。クローブに似た甘くてスパイシーな香りは、古代ギリシャ時代から王室に好まれたため「王家のハーブ」と呼ばれていました。

精油成分のリナロールやオイゲノールには鎮静や消化器系機能を高める作用があります。食欲不振や消化不良時にはバジルティーを。立ち上る香りが脳を刺激し、リラックスするとともに胃の不調からくる頭痛にも効果を発揮します。鮮やかな緑の葉にはβ-カロテンも多く含まれ、抗酸化作用も期待できます。

消化促進

抗酸化

バジルはフレッシュが一番ですが、残ったものを乾燥させて自家製ドライバジルを作ってみました。

種子 バジルシードはスーパーフード

バジルの種子は水を含むとまわりにゼリー状の膜ができ、大きく膨らみます。プチプチとした食感があり、これを飲み物やデザートに加えていただきます。食物繊維やミネラルが豊富に含まれています。購入する際は、園芸用ではなく、食用のものを選びましょう。

生 ビネガー

ハーブビネガーの作り方

ハーブの香りを移したビネガーです。ドレッシングのほか、健康飲料として水で薄めて飲んでもよいでしょう。生のハーブを使う場合は、水分が混ざるとカビが生えやすいので、水けをよくふき取ってから使いましょう。

材料

バジル1枝、ニンニク1片、
トウガラシ1本、
白ワインビネガー（またはリンゴ酢）180mℓ

作り方

1 ビネガー以外の材料を容器に入れ、上からビネガーを注ぎ入れます。ビネガーの表面からハーブが頭を出さないよう、たっぷりと注ぎます。
2 直射日光が当たらない場所に置き、1日に1回は軽く揺すりましょう。
3 1週間経ったらハーブを取り出し、必要があればこして、冷暗所に保管し、6か月を目安に使い切ります。

Data

学　　名：Ocimum basilicum
和　　名：メボウキ（目箒）
別　　名：スイートバジル、コモンバジル
科名属名：シソ科メボウキ属
原 産 地：インド、熱帯アジア
作　　用：消化機能活性化、抗酸化
適　　応：食欲不振、消化不良、気力低下
副 作 用：妊娠中や授乳中の使用は控える

基本

ハーブペーストの作り方 基本

生のハーブに好みの調味料を加え、オイルと一緒にフードプロセッサーにかけたものがハーブペースト。バジルで作るバジルペースト（別名ペスト・ジェノベーゼ）が有名ですが、ハーブの種類を替えたり、調味料を替えて作れば、バリエーションが広がります。
まずは、基本となるペーストの作り方をご紹介します。

材料

バジルの葉20枚、松の実大さじ1、
パルミジャーノチーズ大さじ1〜2、ニンニク1片、
エクストラバージンオリーブ油大さじ4、塩、こしょう適量

作り方

材料をフードプロセッサーに入れ、なめらかになるまで撹拌します。

ペーストに向いているハーブや野菜

パセリ、ルッコラ、シソ、シュンギク、ネトル、パクチー（香菜）など

味のアレンジアイデア

塩の代わりに、みそ、塩こうじ、アンチョビ、ナンプラーなどを使ったり、オリーブ油を、ゴマ油やエゴマ油、グレープシード油に替えたりして、オリジナルのペーストを楽しみましょう。

栽培 こまめに摘んで使いましょう

春に出回る苗を手に入れ、バジルを育ててみましょう。バジルは熱帯地域原産の植物なので、低温は苦手。元気よく育つのは5月以降です。6月になると花芽が伸びてきます。たくさん葉を収穫したいなら、花芽を摘み取り、そのわきから伸びてくる新しい芽を育てます。どんどん収穫すると、切り口から次々と新しいわき芽が伸び、やわらかい葉が収穫できます。水が切れると葉が傷んでしまうので、注意します。

西洋ハーブ

ネトル

Nettle

フレッシュネトルはトゲに注意

利尿

抗アレルギー

根気よく続けて体質改善を目指そう

近縁種を含めると世界中に自生するポピュラーなハーブですが、草全体に鋭いトゲがあり、触れると痛みとかゆみを生じるという厄介な点があります。しかし、多くの薬効を秘めた素晴らしいハーブです。

フラボノイドのクエルセチンをはじめ、クロロフィルや葉酸を含み、血管の強化や血流促進、そして浄血と、血管まわりを相乗的にケアすることができます。また、ケイ素やカリウム、カルシウム、鉄といったミネラルも多く含むので、結合組織の強化や利尿作用もあります。

血液の浄化と老廃物の排出は、アレルギー体質の改善に大いに役立つため、花粉症対策にも取り入れられています。

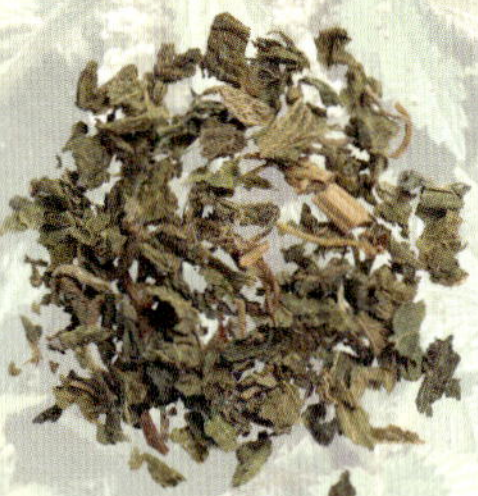

野草茶のような素朴な草の味で、飲みやすく、ブレンドもしやすいハーブです。

パウダー 手軽にとれるハーブパウダー

ドライハーブをフード用ミルにかけ、粉末状にしたものがハーブパウダーです。パウダーはハーブを丸ごと利用できるのが利点です。サプリメントのように飲んだり、食事に振りかけて一緒に食べたり、パックや湿布のように外用に用いることもできます。

ドライ

ドライネトルを使った簡単レシピ

ネトルはクセが強くないので、料理にも使いやすいハーブです。有効成分を余すことなく吸収できるよう、①戻し汁ごと使うこと②油分を一緒に使うこと、がポイントです。

ネトルスープ

みじん切りしたタマネギを炒め、皮をむいてさいの目に切ったジャガイモを加えて炒めてから水を加えます。さらにネトルを入れ、野菜がやわらかくなるまでゆっくりと加熱します。フードプロセッサーでなめらかにし、塩で味を調えたら、器に盛ってからヘンプ油をまわしかけます。

＊セロリなどの香味野菜を使ったり、チキンブイヨンを加えてアレンジしてもよいでしょう。

Data

学　名	Urtica dioica
和　名	セイヨウイラクサ（西洋刺草）
別　名	スティンギングネトル
科名属名	イラクサ科イラクサ属
原産地	ヨーロッパ、アジア
作　用	利尿、浄血、造血
適　応	リウマチ、花粉症、アトピーなどのアレルギー疾患、痛風、尿道炎、外用で創傷、整肌、育毛
副作用	知られていない

花粉症対策はお早めに

花粉症はアレルギーの症状の一つです。アレルギーを引き起こす要因となる異物（アレルゲン）が体内に入ると生理活性物質が放出されますが、このとき、血管がもろくなっていると異物がどんどん入り込んできて、かゆみなどのアレルギー症状が現れるのです。花粉症の季節がくる前に血管を強化して体質を改善しておくと、徐々に症状が緩和されるようになります。これを「春季療法」と呼び、ヨーロッパではよく行われている対処方法です。体質改善に有効なネトルのハーブティーやサプリメント（パウダーも含む）、あるいはチンキを、冬の終わりからとり始めてみませんか。

基本

血管の強化や骨粗しょう症予防に

ハーブパウダー作り方 基本

作り方

フード用のミルにドライネトル入れ、細かく粉砕します。茶こしを使ってふるうとなおよいでしょう。パウダーは酸化が早いので、密閉できる保存容器に入れて、2週間以内に使い切りましょう。

ネトルは造血や血管強化、骨粗しょう症予防に効果が期待できます。毎朝のヨーグルトにネトルを振りかけて食べるのも、よい習慣でしょう。

鋭いトゲのかゆみ爆弾

葉と茎には鋭いトゲ（＝トライコームと呼ぶ）があり、その基部にはかゆみを発症する液体が入った袋があるといわれています。そのため、トゲに触れると、痛いだけでなく、かゆみを伴うのです。

ローズ（ハマナス）

花

香りが飛びやすいので保管に工夫を

ホルモン分泌を刺激して女子力を向上

馥郁《ふくいく》たるバラの香りは「香りの女王」と呼ばれ、多くの女性が魅了されます。かのクレオパトラもマリー・アントワネットもバラの花びらを敷き詰めたベッドで眠ったといわれていますが、シトロネロールやゲラニオールを含むその香りには恐れを和らげる力があり、悲しみや不安から解放して、気持ちを高揚させてくれる作用があります。特に女性ホルモン分泌のバランスを整える働きがあるので、PMSや更年期特有の落ち込んだ気分を改善してくれるでしょう。また、収れん作用のあるタンニンを含み、のど粘膜の炎症や消化器官の不調にも用いられます。

現在、バラは4万種以上もの品種があるといわれています。しかし、ティーやアロマテラピーに用いられるバラはわずか数種で、ハマナスなどのオールドローズと呼ばれている原種系です。

鎮静

収れん

花びらだけの「ペタル」とつぼみの「ローズバッド」があります。色の鮮やかなものを。

保存 冷凍保存も可能

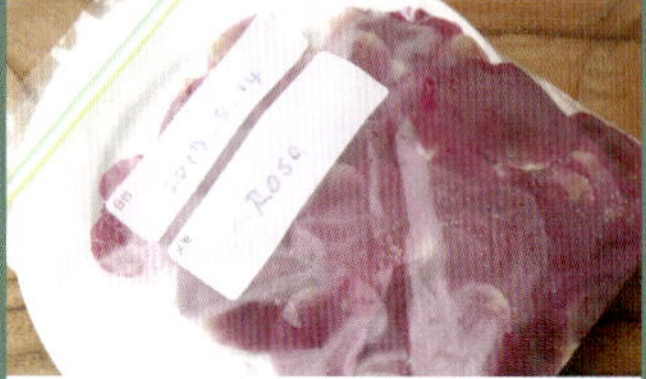

すぐに使い切れない生の花弁は冷凍保存することもできます。香りも色も少しずつ悪くなるので、早めに使い切りましょう。

品種 薬用に使われるローズたち

ダマスク種

ガリカ種

ダマスク種：香りがよく、精油はローズオットーと呼ばれています。
ガリカ種：薬用バラの代表。アポテカリーローズとも呼ばれています。
ルゴサ種：ハマナスのこと。花弁と果実の両方を利用します。

香りのよいローズを食生活にも

ハマナスは日本原産のバラで、北日本の海岸に自生しています。鮮やかな紅色の花は直径5～10cmで一重咲き。花のあとにできる丸い果実を梨に見立てたことから「浜梨」と呼ばれるようになり、それが転じて「ハマナス」になったといわれています。

ハマナスの花弁を使って、食卓を彩ってみましょう。心地よい香りと美しい色に癒されながら作業もはかどります。

コーディアル

ローズコーディアル

コーディアルは糖度の高いシロップのこと。鍋に水500mℓを入れ、砂糖500gを加えて火にかけます。砂糖が溶けたら火を細め、トロリとしたシロップ状になるまで、ゆっくりと煮詰めます。適当な濃度になったら火を止め、花弁約1カップとレモン汁大さじ1を入れます。余熱で香りが移るので、冷めるまでそのままおきます。保存容器に入れ、冷蔵庫で保存して、1か月を目安に使い切りましょう。ローズコーディアルはソーダで割ってドリンクにするほか、アイスクリームやヨーグルトにかけても（コーディアルの詳しい作り方はP51を参照）。

ビネガー

ローズビネガー

花弁をリンゴ酢に漬け込むだけで、こんなに美しい色のビネガーになりました。徐々に花弁の渋みが出てくるので、2週間を目安に取り出します。ハチミツで甘みを足し、水で割れば、健康飲料に。

Data

学名	Rosa rugosa
和名	ハマナス（浜茄子）
別名	ハマナシ
科名属名	バラ科バラ属
原産地	東アジア
作用	鎮静、緩和、収れん
適応	神経過敏、悲嘆、便秘、下痢、不正出血
副作用	知られていない

ソルト

ローズソルト

色と香りが美しい、うっとりするようなソルトです。サラダやお菓子作りだけでなく、肉や魚料理の仕上げに一振りしても。入浴剤としても使えます（後片づけが大変ですが）。

材料

ハマナスの花弁5～10g、岩塩100g、レモン果汁適宜

作り方

1 花弁をそっと洗い、水けをよくふき取ります。
2 ボウルに塩と花弁を入れざっと混ぜ、花弁がちぎれてピンク色が出てくるまで、よくもみます。
3 レモン果汁を加え、全体がピンク色になるまで、さらによくもみます。
4 フライパンの上にクッキングペーパーを敷き、3を入れたら、焦がさないように弱火で根気よく煎ります。
5 サラサラになったら出来上がり。湿りやすいので、密閉できる容器で保存しましょう。

チンキ

ローズの力を手軽にいただける ローズチンキ

ローズ花弁をウォッカに漬け込んで、チンキを作りましょう。フレッシュの花弁が手に入らなければ、ドライハーブを使ってもかまいません。バラ色で香りのよいチンキには脳と心を和らげる作用があり、気分も若返ります。収れん作用があるので、ローション作りに利用しても。

ローズヒップ

Rose Hip

実

上から、「生」、「ドライの半割り」、「ドライパウダー」。かたいので、成分溶出に少し時間がかかります。

ビタミンCは水溶性なので
まずはティーで

ビタミンCを補給して美肌に

バラの花のあとが膨らんでできる実（正確には偽果）がローズヒップです。まわりの白毛と中の種子を取り除き、乾燥した状態で販売されています。

ローズヒップはレモンの数十倍のビタミンCを含んでいることが大きな特徴です。ビタミンCは肌にハリを持たせるコラーゲンの合成を助け、シミやしわを防ぐほか、かぜ予防や免疫力を高める働きもある重要な栄養成分です。さらに抗酸化作用があるビタミンE、リコピン、β−カロテン、緩下作用があるペクチンや果実酸も含んでいて、No.1美容ハーブだといえるでしょう。発熱時やスポーツのあとにもぴったりです。

ティー 美容によいブレンドは？

ニキビなどのトラブル肌に

ローズヒップ ＋ ハイビスカス

肌荒れに

ローズヒップ ＋ ジャーマンカモミール

小じわ対策に

ローズヒップ ＋ エルダーフラワー

ローズヒップ・ハニーペースト

ローズヒップのパウダーを熱湯でふやかし、ハチミツを加えてよく混ぜてペースト状にします。そのままでも、パンに塗っても、ヨーグルトに添えても。ティーを飲んだあとの出がらしにはまだまだ有効成分が残っているので、これを使ってもよいでしょう。

Data

学　名：Rosa canina、Rosa rugosa
和　名：イヌバラ（犬薔薇）、ハマナス
科名属名：バラ科バラ属
原産地：ヨーロッパ、東アジア、西アジア、北アフリカ
作　用：ビタミンC補給、緩下
適　応：ビタミンC消耗時の補給、インフルエンザなどの予防、便秘
副作用：知られていない

緩下

西洋ハーブ

Lemongrass

レモングラス

葉

葉で手を切りやすいのでご注意を

虫も菌も寄せつけない さわやかな香り

タイやベトナム、カンボジアなどの東南アジアの国々では大変ポピュラーなハーブで、茎の太い部分を使ったトムヤムクンや炊き込みご飯は日本でも人気です。

レモンによく似たさわやかな香りはシトラールという成分によるものですが、含有量が多いためレモンよりも重厚感があります。シトラールには抗菌作用があるので感染症予防になるほか、食欲不振や消化不良などの胃腸の不調にも効果があり、暑い地域に暮らす人々にとっては欠かせないハーブなのです。シトラールには虫を寄せつけない働きがあることも知られています。

レモンと草を合わせた香り。さっぱりしますが少し物足りないのでブレンドで楽しんで。

ティー

さわやかブレンド

感染症予防にも

レモングラス ＋ ペパーミント ＋ スギナ

胃腸すっきり

レモングラス ＋ ペパーミント ＋ シソ

心を穏やかに

レモングラス ＋ レモンバーム ＋ ペパーミント

チンキ

虫除けにもなるルームスプレー

レモングラスのチンキを使って、ルームスプレーを作りましょう。スプレー容器にレモングラスのチンキ5mℓを入れ、精製水95mℓを加え、よく混ぜて出来上がり。ペパーミントのチンキやヨモギのチンキをブレンドすると、虫除け効果が高まります。

生

レモングラスしょうゆ

しょうゆさしに1枝。さわやかなしょうゆになります。

健胃

駆風

抗菌

Data

学　　名：Cymbopogon citratus（西インド型）
：Cymbopogon flexuosus（東インド型）
和　　名：レモンガヤ（檸檬萱）
別　　名：コウボウ（香茅）、レモンソウ
科名属名：イネ科オガルカヤ属
原 産 地：熱帯アジア
作　　用：健胃、駆風、抗菌、矯味、矯臭
適　　応：食欲不振、消化不良、かぜ
副 作 用　知られていない（精油製剤の外用では皮膚アレルギーに注意）

強い苦みがありますが、あえてストレートで飲むと、胃がすっきりします。

アーティチョーク

Artichoke

葉

葉には白い毛があり、フワフワとして見えます

苦みが消化を助け肝臓の働きを強化

アザミの仲間で、イタリアやフランスでは大きな花をつぼみのうちに収穫し、食材として利用しています。葉は肉厚で大きく、深い切れ込みがあって、白い毛で覆われています。

ティーには強い苦みがあり、それが胃腸を刺激するため、消化不良や食欲不振に効果が期待できます。また、肝臓の働きを助けるシナリンという成分が含まれ、解毒作用を促進するので、お酒を飲む前や飲みすぎたときには、アーティチョークティーを飲むとよいでしょう。

体調が悪いときにしみじみと苦みを感じるのもよいものですが、ベトナムでは花や根だけを使った、苦くないアーティチョークティーが女性に人気だそうです。

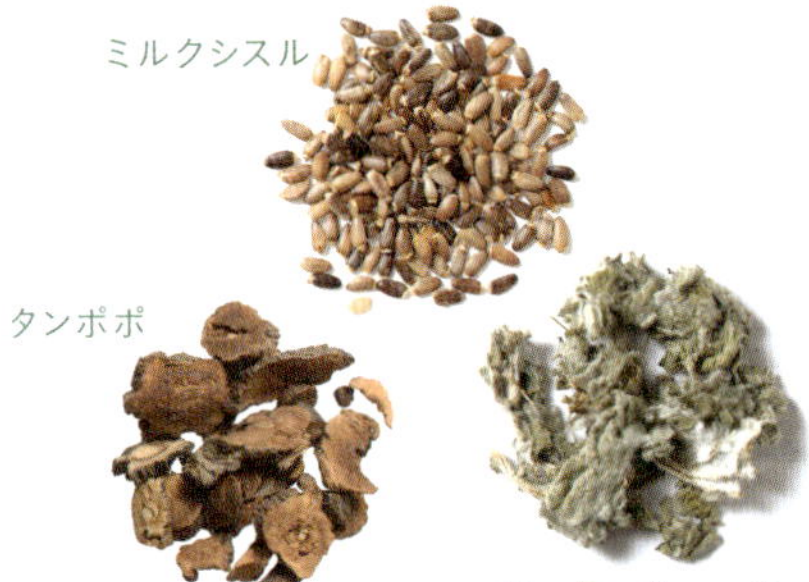

ティー 苦みハーブティートリオ

苦みは胃腸の動きを活発にし、肝臓の働きを強化します。タンポポ（ダンディライオン）、アーティチョーク、ミルクシスル（マリアアザミ、オオアザミ）の3つが強肝ハーブとして知られていますが、作用が強くて一番苦いのがミルクシスル。苦みハーブを飲みやすくするコツは、ペパーミントを少し加えることです。

チンキ シナロピクリンには美白作用も

葉に含まれる苦み成分のシナロピクリンには日焼けによって起こるメラニンの増加や、肌の弾力低下を抑制する効果があることがわかり、その美白作用に注目が集まっています。また、毛穴を引き締めて目立たなくする効果も確認されているそうです。

Data

学　　名	Cynara scolymus
和　　名	チョウセンアザミ（朝鮮薊）
別　　名	グローブアーティチョーク
科名属名	キク科チョウセンアザミ属
原 産 地	地中海沿岸
作　　用	消化機能亢進、利胆、強肝
適　　応	消化不良、食欲不振、高コレステロール血症、動脈硬化
副 作 用	知られていない

ウスベニアオイ

Common mallow

粘液質たっぷりの潤いハーブ

生花はかわいらしいピンク色ですが、乾燥すると薄紫色になります。色素成分アントシアニンの一種デルフィニジンを含むため、いれたてのティーはスミレの花のような青紫色をしていますが、時間をおくと徐々に酸化し、ピンク色に変わっていきます。レモン汁を加えると一瞬で鮮やかな紅色に変化します。色の変化は視覚に訴え、癒しの効果をもたらすでしょう。アントシアニンには抗酸化作用があります。

また、粘液質をたっぷり含むので、皮膚や粘膜を保護する働きがあります。欧米では昔からのどの痛みや咳、さらに胃腸の不調にも用いられています。

短時間で乾燥したものは紫色がしっかり出ています。味はあっさりで、あまり特徴はありません。

花

花びらは薄いので取り扱い注意です

ティー

スミレ色のティーが一瞬でピンクに

水で抽出したウスベニアオイのティーは鮮やかな紫色。レモン汁をたらすと、あっという間にピンクに変化しました。

ウスベニアオイの仲間たち

いずれも粘液質に富んでいて、のどの痛みや胃粘膜の炎症、美肌に有効とされるハーブです。

マシュマロウの花
利用するのは根。

ブラックマロウ
利用するのは花。

Data

学　名：Malva sylvestris
和　名：ウスベニアオイ（薄紅葵）
別　名：マロウ、コモン・マロウ、ブルー・マロウ、チージーズ
科名属名：アオイ科ゼニアオイ属
原産地：ヨーロッパ
作　用：皮膚・粘膜の保護、刺激緩和、軟化
適　応：口腔・咽喉・胃腸・泌尿器の炎症
副作用：知られていない

エキナセア

Echinacea

草のような香りがあり、野草茶のような風味。飲みやすいお茶です。

花 葉 茎 根

葉はごわつき、茎と花の芯はかたいです

かぜのひき始めや免疫力が落ちているときに

ハーブガーデンでひときわ目を引く薄紅色の花を咲かせるのがエキナセアです。北米の先住民族がヘビに噛《か》まれた時や伝染病の治療に使っていたハーブで、その後ヨーロッパで研究が進められ、免疫力を高める強い作用があることがわかりました。現在では医薬品に近いハーブとして位置づけられ、かぜやインフルエンザ、ヘルペス、膀胱炎などの、免疫の低下が原因で起こる感染症に効果を発揮しています。また、抗菌や消炎作用もあるので、治りにくい傷にも。

ただし、花粉症などのアレルギーのように、免疫の過剰が原因で起こる症状の場合には、かえって悪化する場合があるので、使用は避けましょう。

チンキ 常備したいエキナセアチンキ

生のエキナセアを使ってチンキを作ります。もちろんドライハーブを使ってもかまいません。免疫力が下がってきているなと思ったら、飲み物に数滴たらして内用します。スポイト付きの小ビンに移しておくと重宝します。

見応えのある美しい花

園芸用の品種にも「エキナセア」と呼ばれる仲間はたくさん。どれも華やかで、存在感があります。ただし、これらは薬用には向きません。

Data

学　　名	Echinacea purpurea E. angustifolia・E. pallida
和　　名	ムラサキバレンギク（紫馬簾菊）
別　　名	エキナケア、パープレア
科名属名	キク科エキナセア属
原 産 地	北アメリカ
作　　用	免疫賦活、創傷治癒、抗菌、抗ウイルス、消炎
適　　応	上気道感染症（かぜ、インフルエンザ）、泌尿器系感染症（尿道炎）、治りにくい傷、かぜ、インフルエンザ、尿道炎、治りにくい傷
副 作 用	キク科アレルギーのある人は使用しない

抗菌

抗ウイルス

消炎

エルダーフラワー

花
エルダーの花は花粉が多いのが特徴

別名はインフルエンザの特効ハーブ

マスカットに似た香りとほんのりとした甘みがある、飲みやすいハーブです。初夏に咲くクリーム色の花を使います。

咳や鼻水、のどの痛みといった症状を鎮めるとともに、発汗や利尿作用があるので、かぜやインフルエンザの初期にティーを飲むと、症状の改善が期待できます。また、抗アレルギーや血流改善作用があるルチンを含むため、くしゃみ、鼻水、鼻づまりなどの花粉症症状にもおすすめです。

ハーブを使った甘いシロップはコーディアルと呼ばれ、イギリスや北欧では伝統的な飲み物ですが、特にエルダーフラワーコーディアルは子どもにも大人にも大人気。

ハーブハニー

エルダーフラワーのハーブハニー

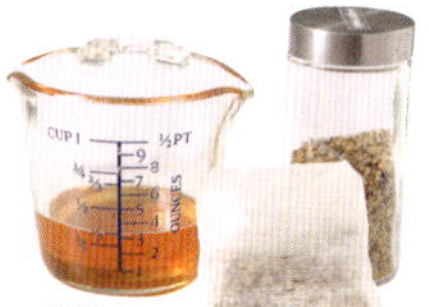

ハチミツの中にハーブを浸して、有効成分を溶出したものがハーブハニーです。お茶パックに詰めたハーブ（ここではエルダーフラワー）とハチミツを耐熱容器に入れ、湯を沸かした鍋に入れて湯せんにかけます。ハチミツに指を入れて熱いと感じる温度になったら火を止め、そのまま冷まします。冷めたらパックを取り出して絞り、保存容器に入れて冷暗所で保管します。6か月を目安に使い切りましょう。

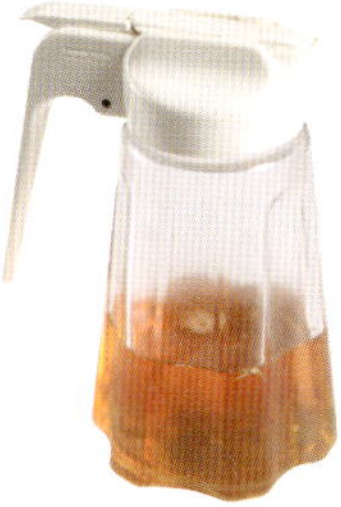

Data

学名	Sambucus nigra
和名	セイヨウニワトコ（西洋庭常）
別名	エルダー
科名属名	レンプクソウ（スイカズラ）科ニワトコ属
原産地	ヨーロッパ、北アフリカ、西アジア
作用	発汗、利尿、抗アレルギー
適応	かぜ・インフルエンザの初期症状、花粉症などのカタル症状、かぜ、インフルエンザ、花粉症
副作用	知られていない

マスカットのような甘い香り。ティーにもほのかな甘みがあり、とても飲みやすい。

利尿
抗アレルギー

西洋ハーブ

パッションフラワー

Passionflower

花 葉 茎

生育旺盛なつる性ハーブです

干した草のような香りで、クセがなく合わせやすいティー。わずかな苦みがあります。

落ち込みや不安を取り除く 精神安定ハーブ

花の中心にある雌しべが時計の針のように見えるので、トケイソウの和名があります。

鎮静効果があるアピゲニンやビテキシンという成分を含み、体の末梢から緊張を解きほぐします。さらに、ハルマンやハルモールというアルカロイド成分が、中枢性の鎮静・鎮痙作用をもたらします。穏やかに作用するので、子どもや高齢者も安心して使えるのが特徴です。ストレスや不安など精神的な原因で眠れない時や、血圧が高くなったとき、頭痛や神経痛、下痢や便秘を繰り返す過敏性腸症候群といった症状が現れた時には、パッションフラワーのティーが心を落ち着かせてくれるでしょう。

パッションフルーツとの違いは？

トケイソウ科の植物は非常に多く、よく似た名前のパッションフルーツもその一つ。和名は果物時計草といいます。亜熱帯地方原産の植物で、熟した実の種子のまわり部分を食します。β-カロテンが豊富で抗酸化作用があり、日本国内の栽培も増えています。

パッションフルーツ

ティー 頭痛や月経痛にも

パッションフラワーの成分には精神安定作用のほか、鎮痛や鎮痙作用もあるので、激しい痛みがある時は、ジャーマンカモミールやリンデンとのブレンドがおすすめです。イライラなど不安定な気分が強い時は、セントジョーンズワートを合わせてもよいでしょう。

Data

学　　名	Passiflora incarnata
和　　名	チャボトケイソウ（矮鶏時計草）、トケイソウ（時計草）
科名属名	トケイソウ科トケイソウ属
原 産 地	ブラジル
作　　用	（中枢性の）鎮静、鎮痙
適　　応	精神不安、神経症、心身の緊張およびそれに伴う不眠、過敏性腸症候群、高血圧、精神不安、神経症、不眠、高血圧
副 作 用	知られていない

鎮静

鎮痙

ラズベリーリーフ

Raspberry Leaf

葉

葉の裏が白いのが特徴

骨盤や子宮まわりの筋肉を整える 婦人科系ハーブ

果物として親しまれているラズベリーの葉は、ヨーロッパでは「安産のためのお茶」とも呼ばれる、女性のためのハーブです。

収縮や収れん作用を持つタンニンや筋肉の痙攣を鎮めるフラガリンを含むので、子宮や骨盤のまわりの筋肉を調整する働きがあります。そのため、出産前には陣痛の緩和に、産後は母体の回復に、大いに期待できます。妊娠7か月ぐらいから飲み始めるとよいでしょう。

また、鎮痛作用もある成分は、月経痛やPMSのつらい症状を和らげる効果もあります。美白成分のエラグ酸も含んでいるので、美容効果もあり、女性にとってうれしいハーブです。

ホール

かすかな渋みがあり、番茶のような風味。ドライの状態ではモコモコしています。

月経痛やPMSには

つらい時期はできるだけ体を冷やさないようにし、糖分の多い清涼飲料水などを控えましょう。骨盤まわりの痛みを和らげるラズベリーリーフや、鎮静・鎮痙作用があるジャーマンカモミール、気分が晴れない場合はセントジョーンズワートやパッションフラワーをブレンドしたハーブティーを飲みながら、ゆっくりとした時間を作ってみるのもよいでしょう。できれば月経が始まる1週間ほど前から、ティーを飲み続けているとかなり楽になるでしょう。あわせて、女性ホルモンの分泌を調整するローズの香りを使って芳香浴を行うのもよいでしょう。

ティー シミやそばかすが心配なら

ラズベリーリーフに含まれるエラグ酸、クワ（マルベリー）のクワノン、ローズヒップのビタミンCなど、美白作用があるハーブを組み合わせたティーで、シミやそばかすなどの色素沈着対策を行いましょう。

ラズベリーリーフ

クワ

ローズヒップ

鎮静

鎮痙

収れん

Data

学　　名	Rubus idaeus
和　　名	ヨーロッパキイチゴ、エゾイチゴ
別　　名	レッドラズベリー
科名属名	バラ科キイチゴ属
原 産 地	ヨーロッパ、北アジア
作　　用	鎮静、鎮痙、収れん
適　　応	月経痛、月経前症候群、出産準備、下痢、口腔粘膜の炎症
副 作 用	知られていない

ハイビスカス

花（がく）
利用するのは花のあとに肥大したがくの部分

独特の酸味が疲れを吹き飛ばす

ハーブティーの中でもっとも色が美しいのがハイビスカスティー。アントシアニン色素のヒビスシンが溶け出したルビー色のティーには**抗酸化作用**があるだけでなく、**色がもたらすリラックス効果**もあります。

クエン酸、リンゴ酸、ハイビスカス酸といった植物酸をたっぷり含むので酸味が強いのが特徴ですが、この植物酸には**エネルギーの代謝を促進し、肉体疲労の回復を早める働き**があります。ほかに、粘液質、ペクチン、鉄、カリウムといろいろな成分を含んでおり、これにビタミンCたっぷりのローズヒップを加えて一緒にとれば、成分バランスも風味もよくなります。

Data

- 学　　名：Hibiscus sabdariffa
- 別　　名：ローゼル、ロゼリソウ
- 科名属名：アオイ科フヨウ属
- 原 産 地：西アフリカ
- 作　　用：代謝促進、消化機能促進、緩下、利尿
- 適　　応：肉体疲労、眼精疲労、食欲不振、便秘、かぜ、上気道カタル、循環不良
- 副 作 用：知られていない

1964年、東京オリンピックのマラソンでエチオピアのアベベがこのティー飲んで走り、優勝したという逸話があります。

ティー

色を活かしてデザートに

ハイビスカスティーの大きな魅力は美しい色。ティーにゼラチンを加えて冷やせば、色と風味を閉じ込めたゼリーが出来上がります。ヨーグルトソースをかけて。

消化促進　緩下　利尿

西洋ハーブ

Linden

リンデン

花　葉

花を包むようにつくのが苞

千の用途を持つといわれる安らぎのハーブ

ドイツのベルリンでは街路樹として植えられている高木で、ヨーロッパでは古くから木材を楽器にも利用しています。6月になるとクリーム色の花が満開になり、あたりには甘い香りが漂います。花からは上質なハチミツがとれます。

リンデンの花には鎮静、発汗、利尿作用があることから、かぜやインフルエンザに用いられます。タンニンや粘液質を含むので、のどの不調や咳にも有効。甘い香りには不安や緊張を鎮めてリラックスできる作用があるので、不安定な気持ちを整える働きがあります。子どもや高齢者にもおすすめの、飲みやすいハーブです。

旧東ドイツの切手に描かれているリンデン

ほんのりとした甘みがあります。葉脈や葉柄がかたくてポットに入れにくいので、ハサミで細かくしましょう。

シューベルトの子守唄

シューベルトが1827年に作曲した連作歌曲集『冬の旅』の中に『リンデンバウム』（邦題：『菩提樹』）という曲があります。合唱でもたびたび歌われ、耳なじみのあるこの名曲は、リンデンを歌ったもの。郷愁を誘う旋律です。

子どもの気持ちが不安定な時に

子どもが落ち着かない時や不安を訴える時は、リンデンの出番です。リンデンの甘い香りは不安や興奮を鎮め、緊張を和らげる作用があります。飲みやすくするため、リンデンティーにオレンジジュースを合わせてもよいでしょう。

利尿

鎮静

鎮痙

Data

学　名	Tilia europaea
和　名	セイヨウボダイジュ（西洋菩提樹）、セイヨウシナノキ（西洋科の木）
科名属名	アオイ科シナノキ属
原産地	ヨーロッパ
作　用	発汗、利尿、鎮静、鎮痙、保湿（外用）かぜおよびかぜによる咳、上気道カタル、
適　応	高血圧、不安、不眠
副作用	知られていない

サフラン

Data
学　　名：Crocus sativus
科名属名：アヤメ科クロッカス属
原 産 地：地中海沿岸

水溶性の黄色色素を持った雌しべを料理の色づけや染料に使用します。パエリアには欠かせないハーブ。血行促進、鎮静作用があり、月経痛や冷え性に。

オレガノ

Data
学　　名：Origanum vulgare
科名属名：シソ科ハナハッカ属
原 産 地：地中海沿岸

トマトと相性がよい、イタリア料理の定番ハーブ。ミントのような香りはドライのほうが強いのが特徴。抗菌、防腐作用があり、消化器系や呼吸器系の不調に。

チャイブ

Data
学　　名：Allium schoenoprasum
科名属名：ヒガンバナ（ユリ）科ネギ属
別　　名：シブレット
原 産 地　中央アジア、温帯地域

ネギの仲間でもマイルドな香りを持ち、日本のアサツキと同様に使います。ピンクの花は料理のトッピングやビネガーにも。食欲増進、疲労回復に。

チャービル

Data
学　　名：Anthriscus cerefolium
科名属名：セリ科シャク属
原 産 地：ヨーロッパ、西アジア

「美食家のパセリ」と呼ばれ、フランス料理の薬味「フィーヌゼルブ」に欠かせません。甘い香りが特徴でお菓子の飾りにも。消化不良やかぜの予防に。

パセリ

Data
学　　名：Petroselinum crispum
科名属名：セリ科オランダゼリ属
原 産 地：地中海沿岸

ビタミン類やミネラルなどの栄養素が豊富で、飾りに使うだけではもったいないハーブ。消化促進、整腸、美肌、生活習慣病や貧血予防にも。

ディル

Data
学　　名：Anethum graveolens
科名属名：セリ科イノンド属
原 産 地：西南アジア、南ヨーロッパ

さわやかな芳香があり、古くからヨーロッパで、「魚のハーブ」として好まれています。消化吸収を助け、母乳分泌を促す働きが。種子はピクルスの風味づけに。

マジョラム

Data
学　　名：Origanum majorana
科名属名：シソ科ハナハッカ属
原 産 地：地中海沿岸

古代ローマでは幸せのシンボルとされたハーブ。同属のオレガノより甘みが強く、**鎮静作用**が。**頭痛、不眠症、消化促進**に。精油もよく利用されます。

ナスタチウム

Data
学　　名：Tropaeolum majus
科名属名：ノウゼンハレン科ノウゼンハレン属
別　　名：キンレンカ
原 産 地　中南米

鮮やかな花と葉はサラダを彩ります。葉と種子にはワサビに似た辛みがあり、よいアクセントに。ビタミンCと鉄分を含み、**かぜや呼吸器系の不調**にも。

ゲットウ

Data
学　　名：Alpinia zerumbet
科名属名：ショウガ科ハナミョウガ属
原 産 地：東南アジア

沖縄などに自生する抗酸化力の強いハーブ。高い**抗菌、防腐作用**があり、葉は食品を包むのにも利用されます。甘くスパイシーな香りは**心身の緊張緩和**に。

ヤロウ

Data
学　　名：Achillea millefolium
科名属名：キク科ノコギリソウ属
別　　名：セイヨウノコギリソウ
原 産 地：ヨーロッパ

古代ギリシャ時代から「兵士の傷薬」と呼ばれ、**止血、消炎剤**として傷の手当てに使用されました。少し苦みがあり、**食欲不振や消化不良の改善**に有効です。

ゼラニウム

Data
学　　名：Pelargonium graveolens
科名属名：フウロソウ科テンジクアオイ属
別　　名：センテッドゼラニウム
原 産 地：南アフリカ

ローズに似た芳香があり、精油をアロマテラピーで利用。蚊などの**虫除け作用**があるとともに、**ホルモン分泌、皮脂分泌、自律神経などのバランス回復**に。

レモンバーム

Data
学　　名：Melissa officinalis
科名属名：シソ科コウスイハッカ属
別　　名：メリッサ
原 産 地：南ヨーロッパ

古代ギリシャ時代からその薬効が重視されてきたハーブで、料理の風味づけやポプリ、入浴剤などに利用。**鎮静作用**があり、**神経性胃炎や食欲不振、不眠**に。

レモンバーベナ

学　　名：Aloysia triphylla
科名属名：クマツヅラ科イワダレソウ属
別　　名：ベルベーヌ
原 産 地：南米

シトラス系の芳香には消化器の働きを高め、穏やかな鎮静作用があります。夕食後のティーはリラックスタイムに最適。石けんなどの香料原料にも。

フラックス

学　　名：Linum usitatissimum
科名属名：アマ科アマ属
別　　名：アマ
原 産 地：中央アジア

紀元前から栽培されていたハーブ。種子は食物繊維を多く含み、腸内環境を整えます。種子を圧搾してとれる油は、生活習慣病の予防や免疫力アップに。

マレイン

学　名：Verbascum thapsus
科名属名：ゴマノハグサ科モウズイカ属
別　名：バーバスカム、ムーレイン
原 産 地：地中海沿岸、アジア

灰色の毛で覆われた葉に黄色の花をつける姿が聖母のロウソクとも呼ばれます。しつこい咳や痰を鎮める働きがあり、呼吸器系の不調にぴったり。

バレリアン

学　　名：Valeriana officinalis
科名属名：オミナエシ科カノコソウ属
別　　名：セイヨウカノコソウ
原 産 地：ヨーロッパ

ヒポクラテスの時代から不眠症の治療に使われてきたハーブ。乾燥した根には強烈な匂いがあるのが特徴。筋肉の緊張を解き、神経性の睡眠障害に。

レモンマートル

学　　名：Backhousia citriodora
科名属名：フトモモ科バクホウシア属
原 産 地：オーストラリア

オーストラリア先住民が大切にしていたハーブで、レモンのような清涼感のある香りがあります。抗菌、消臭作用があり、石けんやシャンプーに使用。

クランベリー

学　　名：Vaccinium macrocarpon
　　　　　Vaccinium oxycoccos
科名属名：ツツジ科スノキ属
原 産 地：ヨーロッパ、北米

酸味が強い赤い果実は、ジャムやソースなどの原料に。古くから膀胱炎、尿道炎、尿路結石、ビタミンC欠乏症などの予防に使用。ジュースやエキス剤で。

食材にもチカラ植物

食卓の医食同源

医食同源とは、食事の根幹は食にあるということ。これは、高度成長の飽食時代に作られ、食への再考を促した言葉です。

しかし、日本の食文化の中には、食材の知恵や習慣がたくさんありました。暑さが厳しい時期にはネギやショウガなどの薬味を多く使い、料理が傷まないようにするとともに、胃腸を刺激して食欲増進をはかる。冬を迎える冬至にはビタミンC、E、カロテンたっぷりのカボチャを食べ、ユズ湯に入って体を芯から温め、かぜの予防に努めてきました。その香りによって、1年分の邪気を払うという習慣でもあります。このように、先人たちは食材が持つ機能性を体験的に知り、昔から医食同源を心がけてきたのです。

現代では栄養学の進歩もあって、様々な健康情報が聞かれます。「ブロッコリーにがん抑制作用がある」、「タマネギに血液サラサラ効果がある」などと、野菜に含まれる微量栄養素が話題になったりします。食卓に並ぶ野菜や香辛料にも、血行促進や抗酸化など様々な作用を持つ植物化学成分が含まれているのです。

それらの微量な成分を有効に体に取り入れる方法として知っておきたい2つのポイントがあります。まず1つめは**「旬のものをとる」こと**。野菜の旬は、その野菜が一番充実している頃合いです。そのため、植物化学成分の濃度も高いと考えられます。2つめは**「できるだけ地のものを選ぶ」こと**です。産地が近いということは鮮度がよいということにつながります。生き生きとした野菜には有効成分もたくさん含まれているのです。

旬に出回る地元の食材を使う家庭料理は、栄養学の知識を意識することなく、まさしく医食同源といえます。そして、献立にはショウガやニンニクなどの香味野菜を積極的に取り入れることで、生理機能はどんどん高まっていくことでしょう。

ショウガ

Ginger

根 茎

収穫して時間が
経ったもののほうが
辛みは強くなります

血流促進作用で冷え性も改善

インドのアーユルヴェーダ、インドネシアのジャムウ、中国医学と、古くから世界中で薬用に使用されたショウガ。日本では奈良時代から栽培されています。

ピリリとした辛みはジンジャロールやショウガオール、ジンゲロンという成分で、血行を促進するため代謝が高まり、体を温める作用があります。体温が上がるので冷え性が改善されるとともに免疫力もアップ。また、殺菌・抗菌作用があることから、食中毒の予防として肉や魚とともに用いたり、かぜのひき始めにショウガ湯を飲む習慣もこの作用を利用しています。香り成分のジンギベレンには健胃作用があるなど、有効成分が大変多く、相乗的な効果も期待できます。

ドライ 辛み成分は変化します

生のショウガに含まれている辛み成分のジンジャロールは、加熱したり、乾燥させたりするとショウガオールに変化します。ショウガオールは胃腸を刺激し、体の内部から温める作用があるので、冷え性の人は乾燥ジンジャーを使うとより効果的です。
乾燥させる場合は、必ず皮つきのまま使いましょう。薄切りにしてザルに並べて天日で干します。レンジを使う場合は、様子を見ながら6～7分加熱しましょう。ただし、天日干しのほうが味はよいようです。

パウダー

ショウガの表面にあるすじと平行に切ると、ショウガの繊維が断ち切れて香りや辛みがより引き立ちます。

葉ショウガ、新ショウガ、根ショウガ

ショウガは種ショウガを植えつけると、そこに新しいショウガがたくさんでき、大きく育ちます。初夏から出回る「葉ショウガ」は新しくできたやわらかい根や茎を食べます。続いて出回る「新ショウガ」は色が淡く、芽の部分がピンクに色づいているのが特徴です。秋に収穫する「根ショウガ」は保存され、長期間流通するため、「ひねショウガ」とも呼ばれます。

新ショウガ

葉ショウガ

基本

コーディアルの作り方 基本

古くイギリスでは、疲れた体に活気を取り戻すため、ハーブをアルコール類に漬けたものを水で薄めて飲んでいました。これがコーディアルの始まりです。現在ではアルコール類は使わず、糖度の高いシロップにハーブの成分を移したものをコーディアルと呼びます。使用するハーブの種類や形状によって、シロップに漬け込む時間は適宜、調整しましょう。利用する砂糖の量や種類はお好みで。グラニュー糖は色がきれいに仕上がりますし、てん菜糖などミネラル分が多い砂糖は風味が豊かになります。最後に防腐剤代わりにレモン汁を加えます。

コーディアルは水や炭酸、お湯、アルコール、ミルクなどの飲み物で割るほか、シロップとしてヨーグルトやパンケーキ、アイスクリーム、かき氷、ゼリーなどにかけて楽しんでも。

ティー

好みのハーブティーで割って

かぜのひき始め、花粉症に

ショウガ ＋ エルダーフラワー

月経痛や眠れないときに

ショウガ ＋ ジャーマンカモミール

のどの痛みに

ショウガ ＋ タイム

ジンジャーコーディアルの作り方

1 ショウガ200gをよく洗い、皮をつけたまま薄切りにします。鍋にショウガと水400mℓ（ショウガの倍量）を入れ、ときどきかき混ぜながら、弱火で15分ほど煮ます。

＊お好みでスパイスを加えてもよいでしょう。カルダモンやニッケイ（シナモン）、クローブ、ローリエなどと相性がよいようです。

2 1に砂糖200g（ショウガと同量）を加えてゆっくりと混ぜ、砂糖が溶けたらレモン汁1個分を加えて火を止めます。

3 2を茶こしやザルでこします。

4 冷めたら清潔な保存容器に入れ、冷蔵庫で保存し、2～3週間で使い切りましょう。

＊ドライハーブで作る場合は、3分ほど弱火でハーブを煮出したあと、5分蒸らし、こしたあとに砂糖を加えて、再び弱火にかけます。5分ほど煮たらレモン汁を加え、火を止めます。

＊使い終わったショウガを刻み、しょうゆ、削り節、ゴマなどを加えれば、ご飯のお供になります。おにぎりに混ぜても。

Data

学名	Zingiber officinale
和名	ショウガ（生姜）
別名	ハジカミ（薑）、ジンジャー
科名属名	ショウガ科ショウガ属
原産地	インド、中国
作用	消化機能促進、利胆、制吐、陽性変力、消炎、鎮痛
適応	消化不良、つわり、乗り物酔い、関節炎などの炎症性疾患
副作用	皮膚炎、高熱、出血症状がある場合は使用を控える。胆石のある人は医師に相談

ウコン

Turmeric

根 茎

鮮やかな黄色は
クルクミンの色

肝臓の不調には 抗酸化力のあるクルクミン

ウコンはターメリックとも呼ばれ、ショウガとともにアジアを代表するハーブ。カレーやたくあんの黄色はウコンの色素成分クルクミンで色づけられたものです。

クルクミンは肝臓や胆のうの機能を促進するので、肝臓の解毒作用を強化したり、胆汁の分泌をさかんにする働きがあります。そのため、コレステロール値を下げ、アルコールによる肝炎を予防するなど、まさに肝臓のためのハーブといえるのです。

クルクミンには抗酸化作用や抗炎症作用もあり、食材から外用まで幅広く利用されています。

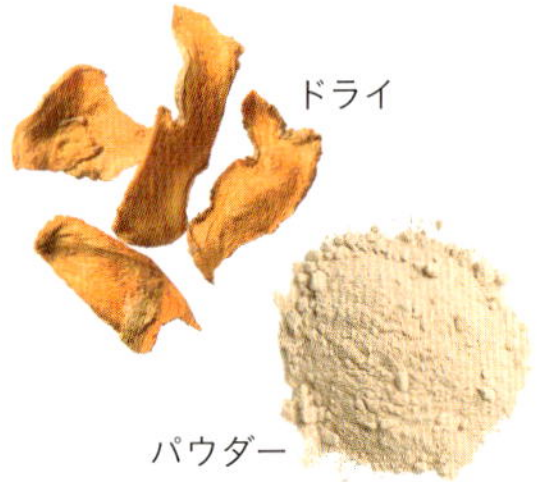

オレンジとショウガが混ざったようなスパイシーな香りと、苦みが特徴です。

酒 薬用酒を手軽に

チンキと同様に、アルコール類に有効成分を溶出させたものですが、飲用を目的としており、飲みやすくするために糖分を加える場合が多いです。甘みが苦手なら糖分を入れなくてもよいですが、糖分にはアルコールの熟成を助ける働きがあります。グラニュー糖、氷砂糖、ハチミツ、黒糖など、種類はお好みで。アルコールは度数が高いもののほうが成分が出やすいので、ホワイトリカー、ウォッカ、ジン、ラムなどがおすすめです。

薄切りにしたウコンに砂糖とホワイトリカーを加えて、ウコン酒を作りましょう。1年ほど熟成すると、黄金色のお酒が出来上がります。

パウダー

ウコンパウダーで美肌パック

ウコンのクルクミンには美肌作用があります。日焼けあとや肌荒れが気になるときには、プレーンヨーグルトにウコンパウダーを加えた簡単パックでお手入れしましょう。パウダーの代わりにウコンティーを使っても。

Data

学名	Curcuma longa
和名	アキウコン（秋鬱金）
別名	ターメリック
科名属名	ショウガ科ウコン属
原産地	熱帯アジア
作用	利胆、強肝、消炎
適応	消化不良
副作用	胆道閉鎖、胆石は禁忌。妊娠中や授乳中は使用しない。過剰摂取または長期の大量摂取は控える。

利胆・強肝

消炎

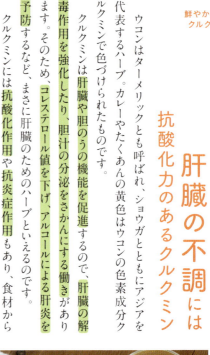

アンズ

Apricot

種 実

杏仁は薬のような香りという人もいますが、薬です

干しアンズ
二つ割りにし、種子の仁を除いて乾燥させたもの。

種子の仁（中身）

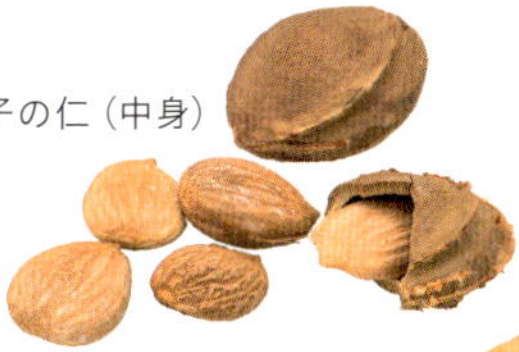

青梅にも含まれるアミグダリンってなに？

アミグダリンは、アンズやウメ、モモ、ビワなどのバラ科に属する果実の、主に種子の中に含まれる毒性の成分です。アミグダリンは果実が成熟すると果肉からは消失します。また、梅干しや梅酒のように、加工することで分解が進み、問題なく食べられるようになります。

Data

学　名	Prunus armeniaca
和　名	アンズ（杏子、杏）、カラモモ（唐桃）
別　名	アプリコット
科名属名	バラ科サクラ属
原産地	中国北部
作　用	去痰、鎮咳、滋養強壮
適　応	咳、痰、冷え性、疲労回復

酒 アンズのお酒

生のアンズの実を砂糖とともにホワイトリカーで漬け込んでアンズ酒を作りましょう。滋養強壮、冷え性などに効果があり、お休み前のナイトキャップにぴったりです。

種子の中に咳止め成分が

果肉の黄色い色からもわかるように、β－カロテンを多く含み、体内で抗酸化作用を発揮します。また、リンゴ酸やクエン酸などの植物酸も多く、疲労回復効果もあります。生のアンズと比べると、干しアンズのほうが栄養価が高いのですが、カロリーも高いので食べすぎには注意しましょう。

アンズの種子の中身を取り出したものが「杏仁《きょうにん》」で、アミグダリンという成分を含み、咳や痰を鎮める作用があります。この杏仁をすりつぶして絞った白い汁を寒天で固めたものが杏仁豆腐で、もともとは薬膳料理の一つでした。

なお、アンズには多くの品種があり、果実を食べるために改良された品種は種子が小さいため、杏仁を取り出すのには向いていません。

パクチー

Coriander

やみつきになりやすい
独特の香り

リーフ

シード
パウダー

ホール

フリーズドライのパクチーリーフは水ですぐに戻る便利もの。種子の「コリアンダーシード」はカレーに欠かせないスパイスで、パウダーとホールがあります。

有害物質を排出する抗酸化ハーブ

エスニック料理が広まり、パクチーを食べる機会がぐっと増えました。イタリアンパセリのように緑色の葉は栄養価が高く、抗酸化作用のあるビタミンをバランスよく含むことから、デトックスによいと話題になりました。カメムシを思わせる独特の臭気を持っているため、好き嫌いが分かれますが、クセになるこの香りの中にも有効成分が多く含まれています。

香りは、臭いの正体であるデカナールのほか、リナロールやα-ピネンなどで、どれも柑橘類に多く含まれている成分です。健胃や駆風作用のほか、抗菌や鎮痙作用があります。デカナールは乾燥するとわからなくなります。

パクチーを山盛り食べよう

パクチーたっぷりカラフルサラダ

パクチーは柑橘との相性が抜群。クセのある香りが、オレンジやレモンの香りと合わさると、さわやかに変わります。

材料（2〜3人分）

パクチー1束、トマト（中）2個、キュウリ1本、紫タマネギ¼個、オレンジ½個、レモン汁½個分、塩、こしょう適量

作り方

1 パクチーは1〜2cmの長さに切ります。
2 トマト、キュウリ、紫タマネギ、オレンジは1.5cm角のサイコロ状に切ります。
3 すべての材料をボウルに入れてよく混ぜ合わせ、レモン汁と塩、こしょうで味つけをしたら、出来上がり。

パクチーオイル

肉や魚のソテーに添えたり、サンドイッチにはさんでもおいしくいただけます。好みの調味料を加えてアレンジを楽しんでも。

材料（作りやすい分量）

パクチー1束、ニンニク½片、トウガラシ2本、オリーブ油大さじ1、塩、こしょう適量

作り方

1 パクチーは水洗いし、水分をよく切っておきます。
2 長さ1〜2cmに切ったパクチーをボウルに入れ、刻んだニンニクとトウガラシを加えてから、オリーブ油をまわしかけます。
3 油が全体になじんだら、塩、こしょうで味を調えます。

根も捨てずに活用

パクチーの根からはよいだしがとれるのでエスニックのスープに。また素揚げにするとホクホクしておいしくいただけます。

酒 コリアンダーシード酒

コリアンダーシードは殻がかたいので、軽くつぶしてから漬け込みましょう。オレンジのような甘い香りがするので、ラム酒に漬けてみました。モヒートやお菓子の香りづけにぴったり。

Data

学　名：Coriandrum sativum
和　名：コエンドロ
別　名：コリアンダー、シャンツァイ（香菜）、カメムシソウ
科名属名：セリ科コエンドロ属
原産地：地中海沿岸
作　用：消化機能促進、駆風
適　応：消化不良、食欲不振、便秘
副作用：知られていない

トウガラシ

「鷹の爪」は実が上向きにつきます

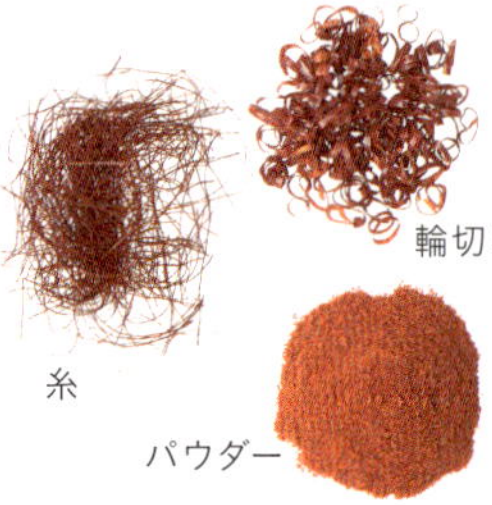

糸トウガラシは縦切り、輪切りは横に切ったもの。粉末はパウダー状から粗びきまでいろいろな段階があります。

辛み成分カプサイシンはどこにある？

トウガラシの辛み成分は、種子を支える白いワタの部分（胎座）で作られています。そのため、種子の部分が一番辛いといわれています。果実が完熟する直前がもっとも辛いため、赤トウガラシよりも青トウガラシの方が辛いです。さらに、細かくすると断面から辛み成分が出てくるのでより辛くなります。

血行促進で代謝を上げる

健胃
鎮痛

トウガラシは世界中にたくさんの品種があり、形も辛さもそれぞれです。日本では辛みの強い「鷹の爪」という品種が一般的です。

辛み成分のカプサイシンは胃腸を刺激して消化器官の運動を高めるので、辛み健胃薬として食欲増進に用いられます。血行を促進し、鎮痛作用もあるので、打撲や筋肉痛などの改善のため、パップ剤にも使われます。

カプサイシンは強い成分なので、多くとりすぎると胃腸や皮膚を傷めます。実の中の種子を支える白いワタにカプサイシンは多く含まれるので、この部分を取り除くことで辛みを調節することができます。

チンキ

チンキを外用に

胃が痛い時や、肩こりがひどい時は、トウガラシチンキの力を借りてみましょう。精製水で4〜10倍に薄め、患部にそのまま塗ったり、ガーゼに含ませて湿布をして使います。大変刺激が強いので、顔まわりや皮膚の弱いところ、傷があるところへの使用は控えて。チンキがついた手や道具はよく洗いましょう。ウォッカで作れば内服も可能ですが、濃度が高いと胃を荒らしてしまうので、十分注意してください。薄めて植物に散布すれば病害虫防除の園芸用スプレーになります。

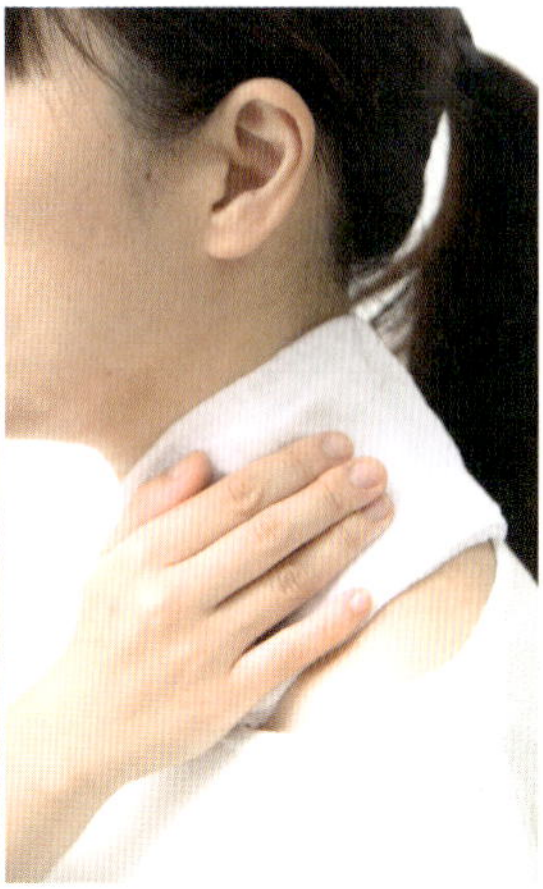

トウガラシしょうゆ

生の青トウガラシを刻み、しょうゆに漬け込みます。肉や魚によく合います。
＊生のトウガラシを扱った手で目のまわりをこすったりしないよう、十分注意しましょう。

カプサンチンとは？

カプサイシンとよく似ていますが、カプサンチンは色素成分の名称。トウガラシや赤ピーマンに含まれる赤色の色素成分のことで、カロテノイドの一種。抗酸化作用があります。

Data

学　名	Capsicum annuum
和　名	トウガラシ（唐辛子）
別　名	カイエンペッパー
科名属名	ナス科トウガラシ属
原産地	南アメリカ
作　用	健胃、鎮痛、局所充血
適　応	食欲不振、筋肉痛、神経痛などの疼痛
副作用	まれにじん麻疹などの過敏反応

品種

全国各地にはご当地トウガラシ

世界中に多くの品種があるトウガラシですが、日本にも品種が多く、各地で伝統野菜に指定されているものも少なくありません。形も辛さも個性豊かです。

神楽南蛮
新潟県長岡市の伝統野菜。ピーマンのような形ですが辛みがあります。

清水森ナンバ
青森県の伝統野菜。辛みがマイルドなトウガラシ。

島トウガラシ
沖縄県の伝統野菜。コーレーグースとも呼ばれています。

シソ

シソ油

シソの種子を搾ってとれる油で、必須脂肪酸のα-リノレン酸を含み、アレルギー症状の改善や高血圧の予防効果があるといわれています。魚に含まれる脂肪のDHAやEPAとともにオメガ3（n-3系）不飽和脂肪酸の一つで、注目の油です。

葉 花 実

シソの葉茶はシソの香りがしっかり残っていて、すっきりした味わい

穂ジソはシソの花《か》穂《すい》のこと。つぼみをしごいて外し、薬味とします。花が終わって実になったものは塩漬けやしょうゆ漬けに使われるシソの実。

赤ジソの色素成分には抗酸化作用が

葉色が緑の青ジソと紫の赤ジソがあり、日本では縄文時代から利用されています。生命力が強く、こぼれた種子で野生化していることもありますが、品種や栽培環境によって香りに大きな違いがあるようです。

さわやかな香りはペリルアルデヒドやα-ピネン、リモネンなどで、抗菌作用があるため、刺身のつまや薬味として生ものとともに食す習慣があります。

芳香性の健胃薬として働くほか、発汗や鎮咳作用もあるため、かぜのひき始めにも有効です。なお、漢方では赤ジソは「蘇《そ》葉《よう》」と呼びます。

抗菌
鎮咳
鎮痛

ティー

手作りシソ茶

シソの葉を洗って汚れを落とし、重ならないようにザルに広げて、風通しがよく直射日光が当たらない場所に置きます。葉がパリッとしたら出来上がり。干しすぎると色が薄くなってしまいます。かぜのひき始めや食欲不振など、ちょっと力が出ないときにぴったりのお茶です。

梅干し作りには赤ジソを

赤ジソの持つ強い防腐作用と殺菌作用が、梅干しの保存性を高めます。また、青紫色系色素アントシアニンのシソニンがウメの酸と反応するため、鮮やかな赤色に変わり、ウメの実を美しく染めるのです。

漬け終わったシソはほぐして天日で乾燥させ、ミルで砕けば赤ジソふりかけになります。材料を余すところなく利用するのも先人の知恵なのです。

コーディアル

シソジュースでアレルギー対策

初夏に出回る赤ジソを使って、シソジュースを作りましょう。ジュースという名前が浸透していますが、作り方はコーディアルと同じです。

赤ジソに含まれる赤紫色の色素成分はアントシアニンの一種シソニン。シソニンには強い抗酸化力があり、生活習慣病予防に役立ちます。また、抗アレルギーや抗炎症作用があるルテオリンを含むので、アトピー性皮膚炎や花粉症などのアレルギー対策にも効果を発揮するでしょう。青ジソにはシソニンは含まれませんが、β-カロテンをたっぷり含むので、こちらもまた強い抗酸化作用があります。

Data

学名	Perilla frutescens
和名	アカジソ（赤紫蘇）
科名属名	シソ科シソ属
原産地	中国南部、ヒマラヤ、日本
作用	抗菌、防腐、発汗、解熱、鎮咳、鎮痛
適応	食中毒予防、気管支炎、かぜ
副作用	知られていない

ウイキョウ

Fennel

葉 花 実

カレー屋さんで
食後にいただくのは
フェンネルシードに砂糖を
コーティングしたもの

香りのよい種は胃もたれやお腹の張りに

古代ローマ時代から利用されていたハーブで、フェンネルの名前でも知られています。羽のようにやわらかい葉は特に魚との相性がよく、ディルと並んでフィッシュハーブと呼ばれることも。小さな黄色い花は香りのアクセントとしてサラダやピクルスに、種子はスパイスとして用いられます。

甘くスパイシーな香りはアネトールという成分で、胃腸の働きを活発にし、お腹に溜まったガスを取り除く働きがあります。さらに、咳を鎮め、痰を切る作用もあるので、かぜのひき始めの症状を和らげるのにおすすめです。

果実はフェンネルシードの名前で流通するスパイス。ホールとパウダーがあります。

シロップ のどの痛みにウイキョウのシロップ

ウイキョウの種子5gを軽くつぶし、熱湯100gで10分煮出します。種子をこし、砂糖30gを加えて再び火にかけ、とろみがついたら出来上がり。

禁断のお酒アブサン

かつてパリの芸術家たちを虜にした禁断のお酒で、ニガヨモギ、アニス、ウイキョウなどのハーブを原料としたリキュールです。向精神性の成分ツヨンを高濃度で含んでいたため、中毒者が続出し、20世紀初頭には世界的に製造販売が禁止されました。ゴッホもロートレックもアブサンで身を滅ぼしてしまったといわれています。その後、成分の濃度を調整し、WHOからの許可が下りたため、現在は製造が復活しています。ウイキョウの香りが特徴的な緑色のお酒で、砂糖とともに飲むスタイルが知られています。

Data

学　　名	Foeniculum vulgare
和　　名	ウイキョウ（茴香）
別　　名	フヌイユ（仏：fenouil）、フィノッキオ（伊：Finocchio）
科名属名	セリ科ウイキョウ属
原産地	地中海沿岸
作　　用	駆風、去痰（分泌促進性、溶解性、抗菌性）
適　　応	鼓腸、疝痛、上気道カタル
副作用	知られていない

駆風
去痰

ウンシュウミカン

果実にも果皮にも 大きな効果・効能が

たくさんある柑橘類の中ではもっとも身近で、よく食べられているのがウンシュウミカン。栄養価が高い果実には、ビタミンC、カロテノイド、カリウム、食物繊維などが含まれ、**美肌や免疫力アップ、老化防止**をはじめ、多くの健康効果があることが知られています。**薄皮やすじに含まれるフラボノイドのヘスペリジンという成分には、血管強化作用がある**ので、捨てないで活用しましょう。

リモネンやα-ピネンなどの精油成分が多く含まれているのは果皮です。皮を乾燥させたものは陳皮と呼ばれ、漢方でも**健胃や利尿、鎮咳や去痰**の目的で使われています。

実 皮 花
ミカンの皮は捨てないで干しましょう

ドライ
陳皮を作ろう

直射日光が当たるところで干すと色が抜けてしまうので、少し陰になり、風通しのよい場所で作りましょう。漢方では陳皮は古いほうが良品といわれています。

浸出油
香りのよい花をオイル漬けに

ウンシュウミカン、夏ミカンなど、柑橘系の花が手に入ったら、オイルやチンキを作ってみましょう。水分が多いため傷みやすいので、漬け込む期間は1～2日で。オイルはトリートメントに、チンキはローションなどに活用できます。

ドライ
油汚れにオレンジパワー

植物原料の食器用洗剤に陳皮を加えると、リモネンの働きで油汚れが落ちやすくなります。

Data

学名	Citrus unshiu
和名	ウンシュウミカン（温州蜜柑）
科名属名	ミカン科ミカン属
原産地	日本
作用	血行促進、毛細血管強化、鎮咳、去痰、発汗、健胃、血圧降下、抗アレルギー、抗菌、消炎、鎮静
適応	疲労、神経痛、リウマチ、冷え、腰痛、打ち身、かぜ、咳、痰、食欲不振、ひび、しもやけ、高血圧
副作用	知られていない

Chrysanthemum

花

意外に栄養豊富です

キク

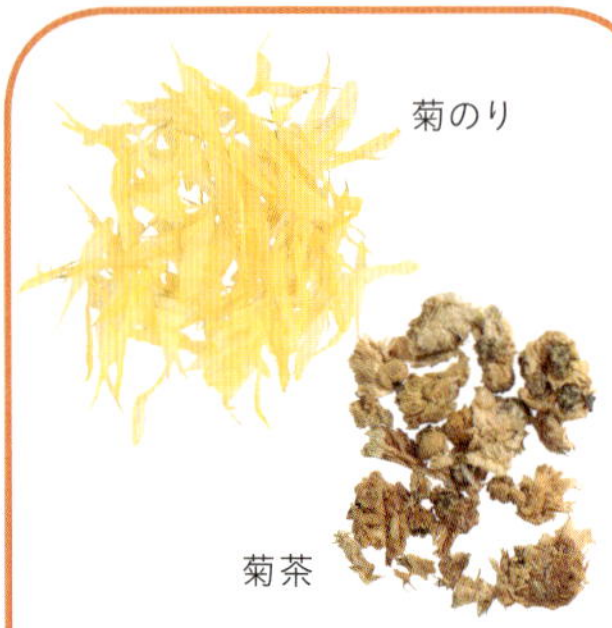

花弁を板状に乾かしたものが料理用の菊のり。花を丸ごと乾燥させたものは菊茶。湯を注ぐと花が開きます。

ビタミンやミネラルがたっぷり目のトラブルにも

日本各地に多くの品種の野ギクが自生しており、日本人にとってはなじみの深い植物として、古くから薬用にしてきました。江戸時代には観賞用のキク栽培が大流行し、その中から味と香りの優れたものを選んで、食用として栽培するようになりました。青森の「阿房宮」や山形の「もってのほか」といった品種のように、日常的にキクの花を食べる習慣がある地域もあります。

キクの生花にはビタミンB_1、B_2、カリウム、食物繊維が多く、抗炎症作用のあるルテオリンも含みます。漢方では乾燥させた花を菊花と呼び、かぜのひき始めの発熱や頭痛に用いられるほか、目の血行を促進して充血を抑える効果があります。

山形の伝統野菜「もってのほか」

筒型の花弁はシャキシャキとした歯ざわりが特徴。「天皇陛下の御紋であるキクをいただくのはもってのほか」「あまりのうまさはもってのほか」など、ユニークな名前の由来は諸説あるようです。

菊酢・菊酒

菊のりとも呼ばれる干し菊を熱湯でさっと戻し、酢に漬け込んでおきます。酢のものに使うと、香りも色も活かせます。日本酒に生花をつけ込んで香りを移した粋な菊酒。長時間おくと色が悪くなるので、見た目が美しいうちに楽しみましょう。

Data

学名	Chrysanthemum morifolium
和名	キク（菊）
別名	ノギク（野菊）、ショクヨウギク（食用菊）
科名属名	キク科キク属
原産地	中国、日本、朝鮮半島
作用	解熱、鎮静、鎮痛、血圧降下、消炎、抗菌、抗酸化
適応	発熱、咳、頭痛、めまい、目の充血、冷え性、不眠、高血圧
副作用	キク科アレルギーのある人は使用しない

鎮静

鎮痛

クコ

Goji Berry

実 葉 根

甘くてほろ苦い大人の味。
湯で戻して使います

滋養強壮効果がある 不老長寿の美しい実

中国原産の低木で、日本各地の明るい藪《やぶ》などでも見つかります。夏の終わりに咲いた薄紫色の花は、秋になると鮮やかな赤い実を結びます。完熟した実を乾燥させたものは薬膳料理にも用いられます。干しぶどうのような甘さの中にかすかな苦みがあるので、甘みのあるデザートやお酒に加えるなどして、クセを和らげて食べることが多いようです。

アルカロイドのベタインを含み、滋養強壮や疲労回復効果があるといわれています。漢方では血糖値や血圧を下げる目的で、根も利用します。

なお、欧米ではゴジベリーと呼ばれています。

酒 クコ酒

砂糖とともにホワイトリカーで漬け込んだクコ酒。甘みがあって飲みやすいお酒です。安眠効果があるといわれています。

1日10粒食べましょう

一般の食品に比べて栄養バランスが優れていたり、ある栄養成分を特出して多く含んでいるものをスーパーフードと呼びます。発祥の地、アメリカ・カナダで特に優秀なプライマリースーパーフード10種に選ばれているクコの実を、好みのナッツとともにハチミツに漬け、おつまみに。1日10粒を目安に食べましょう。

Data

学名	Lycium chinense
和名	クコ（枸杞）、クコシ（枸杞子）
別名	ゴジベリー、リキウム、ウルフベリー
科名属名	ナス科クコ属
原産地	中国河北省、湖北省、山西省
作用	滋養（葉）、強壮（葉、果実、根皮）、消炎、解熱、血糖降下、降圧（根皮）
適応	疲労回復、動脈硬化、糖尿病、低血圧症、不眠症
副作用	妊娠中、授乳中は避ける

ゴボウ

Burdock

種　根

皮はむかずに
こそげ落として

豊富な食物繊維ががんを予防

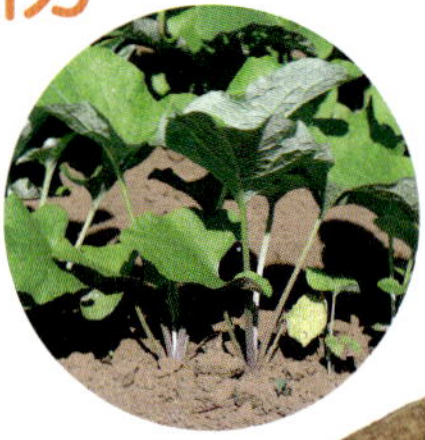

中国から薬用植物として伝わりましたが、日本では平安時代から食用にしてきました。日本以外の国では薬用にしているところが多いようです。

ゴボウは食物繊維の宝庫で、水溶性食物繊維のイヌリン、不溶性食物繊維のセルロースやリグニンを含みます。**食物繊維は腸の動きを活発にし、腸内環境を整えて善玉菌を増やします**。また、**有害物質を排出したり、コレステロール値を下げる働き**もあります。

皮には抗酸化作用のあるタンニンやクロロゲン酸が含まれるので、皮をむいたり水にさらしすぎると、せっかくの有効成分が無駄になってしまいます。

漢方では種も利用

ゴボウの種子は「牛《ご》蒡子《ぼうし》」と呼ばれ、**発汗や利尿作用**がある生薬として、かぜ薬や咽頭炎などの薬に処方されます。

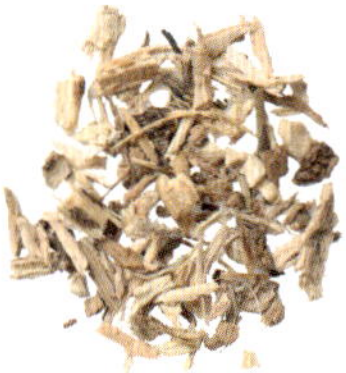

お茶として、あるいは乾燥野菜としても流通しています。かたいので溶出するまで少し時間をおきましょう。

たたきごぼう

ゴボウは地中にしっかり根を張る安泰の象徴であり、たたいて開いたものは「運が開く」ことにつながり、縁起のよい料理としてお節料理の定番となっています。「開きごぼう」の別名も。

材料

ゴボウ½本
（皮を軽くこそげて、さっとゆでておく）、
酢大さじ1、砂糖大さじ1、白いりゴマ少々

作り方

ゴボウはたたきつぶし、長さ6㎝に切ります。ボウルに酢と砂糖を合わせたところにゴボウを入れ、30〜40分おいてから、仕上げにゴマを振って出来上がり。

Data

- **学　　名**：Arctium lappa
- **和　　名**：ゴボウ（牛蒡）
- **別　　名**：バードック
- **科名属名**：キク科ゴボウ属
- **原 産 地**：ヨーロッパ、中国
- **作　　用**：浄血、解毒、抗菌
- **適　　応**：腫れ物、皮膚炎、リウマチ、便秘、高血糖
- **副 作 用**：知られていない

抗菌

抗酸化

ゴマ

Sesame

種
できればすりたてを使いましょう

白ゴマ
マイルドな風味

黒ゴマ
アントシアニンを含みます

すりゴマ
酸化が早いのでお早めに

抗酸化力が高く 生活習慣病予防に

古くから世界中で栽培されてきたゴマは栄養価が高く、たんぱく質やビタミン、ミネラルが豊富ですが、成分の半分が脂質です。

その脂質のほとんどを占めるのがリノール酸とオレイン酸。どちらも**血中コレステロール値を下げ、生活習慣病を予防する作用**が知られています。

特に注目されているのがポリフェノールのゴマリグナン。セサミンやセサミノール、セサモリンといった成分の総称です。すべて**強い抗酸化作用を持っています**が、セサミンには**肝臓強化や血圧降下、さらにホルモンバランスを整える働き**もあります。

ゴマはかたい種皮に覆われているので、有効成分を効果的に取り入れるためには、すって壊してから食べましょう。

手軽なゴマペースト

バジルやコリアンダーのようなフレッシュハーブをフードプロセッサーにかけ、ゴマペーストを加えて調味すれば、エスニックなハーブペーストに。

ゴマ油の種類と特徴

ゴマ油はほかの油と比べて酸化しにくいので、軟膏やマッサージ用のオイルとしても使われます。

生搾り　ゴマを焙煎せずに搾った、透明な油。コクとうまみがありますが、香りはほとんどないのが特徴。リグナンが特に多いとされ、**美容用オイル**としても利用されています。

焙煎　一般的にゴマ油と呼ばれるもので、焙煎してから搾った褐色の油。香ばしいのが特徴。

抗酸化
健胃
消炎
滋養強壮

Data

学名	Sesamum indicum
和名	ゴマ（胡麻）
別名	セサミ
科名属名	ゴマ科ゴマ属
原産地	アフリカ、インド
作用	抗酸化、抗炎症、賦活、健胃、鎮痛、滋養
適応	胃腸の不調、神経痛、あせもなどの皮膚の不調、疲労、捻挫や打ち身
副作用	知られていない

朝鮮ニンジン

Korean Ginseng

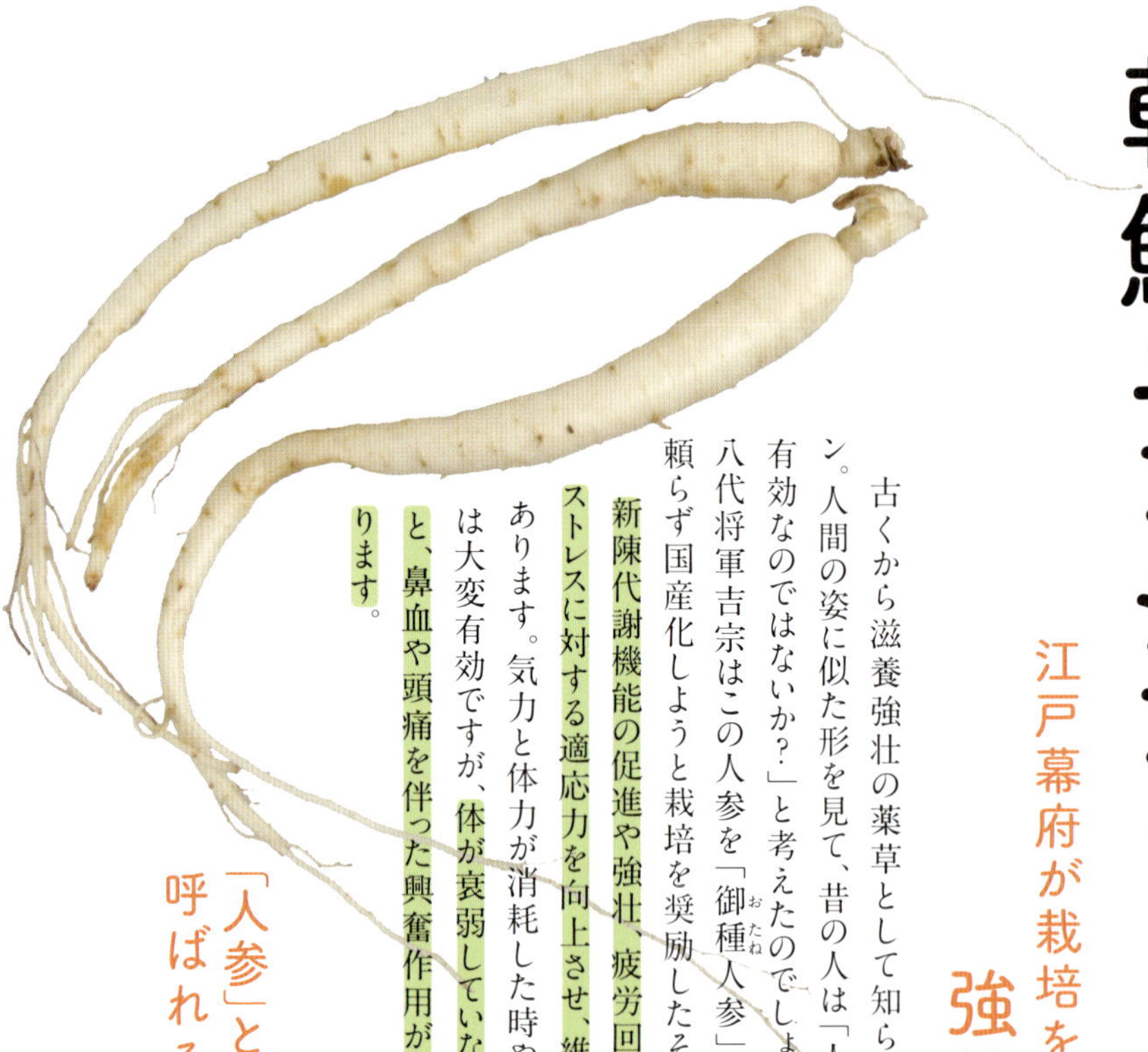

根
カビ臭いような独特な香りがあります

江戸幕府が栽培を奨励した強壮の薬草

古くから滋養強壮の薬草として知られる朝鮮ニンジン。人間の姿に似た形を見て、昔の人は「人間の体全体に有効なのではないか？」と考えたのでしょう。江戸時代、八代将軍吉宗はこの人参を「御《お》種《たね》人参」と呼び、輸入に頼らず国産化しようと栽培を奨励したそうです。

新陳代謝機能の促進や強壮、疲労回復効果があり、ストレスに対する適応力を向上させ、維持する作用があります。気力と体力が消耗した時や病弱な場合には大変有効ですが、体が衰弱していないときに用いると、鼻血や頭痛を伴った興奮作用が起こることがあります。

「人参」と呼ばれる植物

ウコギ科の植物の中にはニンジンと呼ばれる植物がほかにもあります。トチバニンジン（別名／竹節人参）、三七ニンジン（別名／田七ニンジン）、シベリアニンジン、アメリカニンジンなど、どれも強壮作用があることが知られています。

トチバニンジン

酒 朝鮮ニンジン酒

朝鮮ニンジンにホワイトリカーを加えて作ります。朝鮮ニンジンが生の場合は、歯ブラシなどで丁寧に洗い、汚れをしっかりと落としてから漬け込みましょう。生なら2か月後、乾燥ニンジンなら3か月後から飲み始められます。1日10mℓ程度を目安に。

Data

学名	Panax ginseng
和名	チョウセンニンジン（朝鮮人参）
別名	コウライニンジン（高麗人参）、オタネニンジン（御種人参）
科名属名	ウコギ科トチバニンジン属
原産地	中国東北部、朝鮮半島北部
作用	アダプトゲン、強壮、新陳代謝促進
適応	心身の疲労、気力・体力の消耗、病弱
副作用	高血圧症には禁忌

ナツメ

Jujube

実

生ナツメは長さ2㎝ほどと小ぶりです

乾燥ナツメはそのまま天日干ししたものと、ゆでてから天日干ししたものがあります。

ほんのり甘い果実には健胃消化作用が

中国原産の高木で長さ2～3㎝ほどの甘酸っぱい実を食用にします。日本では庭木として植えられていることもあり、かつては子どもたちがおやつ代わりにその実を食べていました。抗酸化作用が高いサポニンを含んでいるため、中国では「1日3粒のナツメを食べると年をとらない」との言い伝えがあります。漢方では滋養強壮のほか、緩和や鎮静作用もあるとされ、ショウガやハチミツを加えたナツメのお茶は、冷えや不眠の改善に有効です。韓国では薬膳料理「サムゲタン」に乾燥ナツメを使うほか、スープやおかゆに入れたり、甘露煮にすることもあります。

酒 ナツメ酒

乾燥ナツメを砂糖とホワイトリカーで漬け込みます。ナツメに甘みがあるので、砂糖は控えめでよいでしょう。

ナツメのお茶 テチュ茶 ティー

ナツメにハチミツと砂糖を加え、ゆっくりと煮出したお茶です。ショウガを加えてもよいでしょう。

生 生ナツメの甘露煮

生ナツメはたっぷりの水からゆで、こまめにアクを取り除きます。ナツメの半量の水と、¼量の砂糖を加え、ゆっくりと煮含め、最後に塩で味を調えます。飛騨地方の郷土料理です。

利尿
鎮静
滋養強壮

Data

学名	Ziziphus jujuba
和名	ナツメ（棗）
科名属名	クロウメモドキ科ナツメ属
原産地	中国からアジア西南部
作用	利尿、鎮静、緩和、滋養強壮
適応	むくみ、咳、不眠症、精神不安、健胃

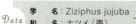

ニッケイ

Cinnamon

甘くやさしい香りが消化を助ける

皮

棒状に巻いたシナモンスティックもポピュラーです

香りのよいニッケイは中国およびベトナム原産の高木。江戸時代に渡来し、「日本ニッケイ」として栽培されていました。現在、食材や薬用に流通しているものの大半は「中国ニッケイ」(シナニッケイ、あるいはカシア)、また、シナモンと呼ばれる「セイロンニッケイ」ですが、これらの近縁種はしばしば混同されています。どれも芳香がありますが、成分の含有量に多少の違いがあるようです。

特徴的な香りは精油のケイヒアルデヒドやオイゲノールという成分で、**抗菌、血流促進、鎮静作用**などがあります。乾燥したものを、漢方では「桂皮《けいひ》」と呼び、**芳香性の健胃剤として食欲不振や消化不良**に用います。日本産の肉桂は、根をニッキなどの菓子の原料に用いました。

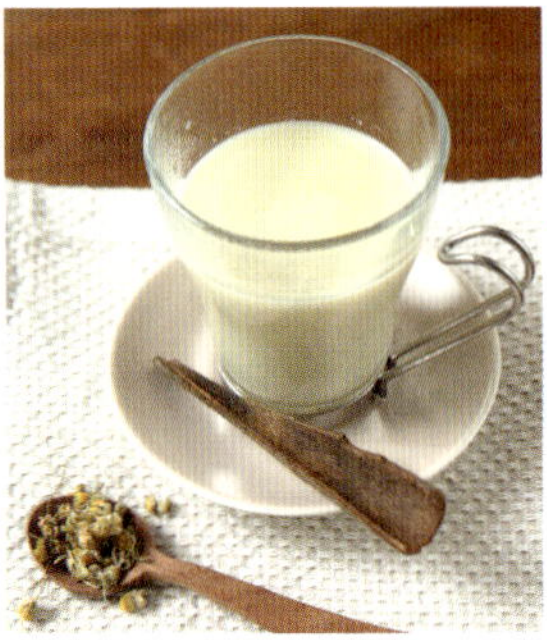

ティー

ニッケイ香るハーブチャイ

カモミールティーをベースに、ニッケイ、牛乳を加え、ハチミツで甘みをつけたチャイです。好みのスパイスをプラスしてもよいでしょう。**胃腸が弱っているとき**にはおすすめです。

ニッケイの粉末はシナモンパウダー。カレーにもアップルパイにも欠かせないスパイスです。

酒 ニッケイ酒で香りづけ

ホールのニッケイにホワイトリカーを加えて作ったニッケイ酒です。温かい飲み物にたらすと香りが広がり、風味がよくなります。お菓子作りの香りづけにも。

ニッケイの仲間

防虫剤として利用されているクスノキや、煮込み料理に使われる月桂樹(ローレル、ローリエ)も同属の近縁種です。いずれの木も芳香成分のオイゲノールを含んでいます。

ホールニッケイ

Data

学名	Cinnamomum verum Cinnamomum zeylanicum
和名	セイロンケイヒ(セイロン桂皮)、セイロンニッケイ(セイロン肉桂)
別名	シナモン、ニッキ
科名属名	クスノキ科ニッケイ属
原産地	スリランカなどの熱帯地方、中国、ベトナム
作用	消化機能促進、駆風、抗菌、血糖調節
適応	消化不良、鼓脹
副作用	妊娠中は使用しない。長期の使用は不可

消化促進

駆風

抗菌

ハトムギ

Job's Tears

種

ハトムギといえば
美肌の代名詞

吹き出物を抑え 肌を整える美容ハーブ

ハトムギは中国原産の一年草で、ジュズダマの近縁種。日本へは薬材として7〜8世紀に渡来しました。江戸時代から現在まで、いぼ取り用の民間薬として使われています。

ハトムギの殻（種皮）を取り除いた種子をヨクイニン（薏苡仁）と呼び、内服薬や化粧品に利用されています。これはハトムギに含まれるコイキセノリドという成分に、**吹き出物を抑制し、皮膚の新陳代謝を促す作用**があるためで、**肌荒れなどの肌トラブルに有効**です。また、ビタミンB_1、B_2やミネラル、食物繊維、脂肪酸を含み、**滋養強壮効果**も期待されます。

ハトムギを殻つきのまま煎って煮出したものがハトムギ茶。クセがなく飲みやすいので、野草茶ブレンドにはよく配合されています。

ヨクイニン

ハトムギ（ヨクイニン）の食べ方

粒がかたいので、時間をかけて準備をします。

1 よく水で洗います。
2 たっぷりの水に浸け、一晩おきます。気温が高い時期は冷蔵庫に入れましょう。
3 一度水を切り、新しい水をたっぷり加えて、中火にかけます。沸とうしてきたら弱火にし、やわらかくなるまでゆでます。
4 ゆで上がったらザルに取り、ぬめりを取るために水でさっと流します。

＊おかゆ、スイーツ、サラダなど、お好みでアレンジして楽しんでください。
＊小分けにして、冷凍保存が便利です。

パック
つるつるのお肌に ハトムギパックで

作り方

1 容器にハトムギパウダー大さじ1とクレイ大さじ1を入れ、精製水を少しずつ加えてペースト状に練ります。
2 肌に塗り、10分ほどおいたら、洗い流します。

＊パック剤は作ったその日のうちに使い切りましょう。
＊パックの使用は1週間に1回までとし、肌の調子が悪い時は直ちに使用を止めましょう。
＊市販のハトムギパウダーを利用すると手軽です。
＊**クレイは陶土の一種**で、**吸着力や吸収力、洗浄力があり**、パックの材料として使われます。いくつかの種類があり、ハーブショップで取り扱っています。

クレイ

利尿　消炎　鎮痛

Data

学名	Coix lacryma-jobi var. ma-yuen
和名	ハトムギ（鳩麦）、ヨクイニン（薏苡仁）
別名	チョウセンムギ（朝鮮麦）、トウムギ（唐麦）
科名属名	イネ科ジュズダマ属
原産地	東南アジア
作用	美肌、利尿、消炎、排膿、鎮痛、代謝促進
適応	肌荒れ、いぼ、むくみ、神経痛、リウマチ、抗アレルギー、高血圧
副作用	妊娠中は使用しない

ニンニク

中心にある芽は焦げやすいので取り除いたほうがよいでしょう

疲労回復作用が高い スタミナハーブ

滋養強壮　抗酸化　抗菌

「疲れた時にはニンニク」というイメージどおり、強壮作用がある食材です。そのため、煩悩を刺激するという理由で、禅宗の僧侶はニンニクや同属のネギ、ニラなどを食べることを禁じられていました。ニンニクに含まれる辛み成分アリインは酵素によって体内でアリシンに変化します。アリシンには強い抗酸化作用があり、消化促進や血栓予防効果があるといわれています。アリシンは体内でビタミンB_1と結合し、疲労回復効果のあるアリチアミンに変わります。アリチアミンは吸収されやすく、しかも筋肉内に蓄積することもできるので、効果の持続性が期待されるのです。ビタミンB_1を含む豚肉やレバー、大豆、玄米などと一緒にとることをおすすめします。

乾燥ニンニクをパウダーにしたもの。香りはやや控えめながら、ほんのり甘みも感じられます。

保存 便利な保存食 ①塩漬け

好みの量のニンニクの皮をむき、保存容器に入れます。ニンニクの重さ10%相当の塩を加え、ニンニクがかぶるくらいの水を注ぎます。数日で塩が溶けます。1か月ほどおくと食べやすくなります。刻んで料理に入れるほか、そのまま食べても。冷蔵庫で半年ほど保存が可能です。

塩こうじニンニク

ニンニクを塩こうじに漬け込んで、成分を溶出させます。ニンニクがやわらかくなったら、つぶして、塩こうじと混ぜ合わせて使いましょう。

黒ニンニクってなに?

ニンニクを高温・高湿度状態に置き、熟成させたもの。ニンニクに含まれる糖質とアミノ化合物がメイラード反応（褐色反応）を起こし、色が黒く、そして甘酸っぱくなります。特有の香りは消え、しっとりとした質感になるため、フルーツニンニクの別名も。通常のニンニクと比べて抗酸化力や免疫力が高いといわれています。

炊飯器を使えば家庭でも作れることから、近年、ブームになっています。

Data

学　名	: Allium sativum
和　名	: ニンニク（大蒜）
別　名	: ガーリック
科名属名	: ヒガンバナ（ユリ）科ネギ属
原産地	: 中央アジア
作　用	: 滋養強壮、抗酸化、抗菌、血中コレステロール低下、血小板凝集抑制
適　応	: 肉体疲労、高血圧、動脈硬化などの生活習慣病の予防、上気道感染症
副作用	: まれに胃腸への刺激、腸内フローラの変化、アレルギー反応発現の可能性

酒

便利な保存食②ニンニク泡盛酒

皮をむいたニンニクに黒糖と泡盛を加えて作った沖縄スタイルのニンニク酒です。

季節の変わり目で体調を崩した時などにアンマー（お母さん）が飲ませてくれるニンニクのお酒は、ミネラルもたっぷり入っています。

ベニバナ

Safflower

花 種

血の巡りのスペシャリスト

冷えを防ぎ 女性特有の症状を改善

天平時代に日本に渡来し、古くから口紅や食紅、染料としても利用されてきました。アザミに似た花をつけ、鮮やかな黄色のその花弁は、日が経つにつれ赤に変化していきます。花を摘み、陰干ししたものは「紅花」と呼ばれる生薬です。

ベニバナの色素成分には、赤色色素のカーサミンと黄色色素のサフロールイエローがあります。カーサミンには血行促進作用があり、特に女性特有の血行障害に有効であるため、月経痛や生理不順、冷え性、更年期の諸症状の改善に用いられます。サフロールイエローには老化防止作用が期待されます。

甘い花の香りがしますが、長時間煮出すと苦みが出てしまうので注意を。

酒 ベニバナ酒は女性の味方

乾燥した花弁を、砂糖、ホワイトリカーとともに漬け込みます。2か月経ったら花を取り出しましょう。香りがよく、ほんのり甘いお酒で、冷え性や月経痛の緩和によいとされます。入浴剤としての利用も。

ベニバナからとれる油

ベニバナの種子を搾ってとれる油がベニバナ油で、リノール酸を多く含むのが特徴です。リノール酸は必須脂肪酸で、しかも体内で合成できないため、食品としてとりますが、とりすぎるとアトピー性皮膚炎や花粉症を発症するリスクが多くなるといわれています。かつては健康油としてもてはやされましたが、現在は「積極的にとる必要はない油」という位置づけになっているようです。

Data

学　　名：Carthamus tinctorius
和　　名：ベニバナ（紅花）
別　　名：サフラワー、スエツムハナ（末摘花）
科名属名：キク科ベニバナ属
原 産 地：エジプト、中央アジア
作　　用：血行促進、子宮収縮、通経
適　　応：月経不順、冷え、血色不良、更年期障害の症状
副 作 用：妊婦の使用は避ける

庭にあるチカラの木

日本のハーブ

ビワやカキなどの庭木の葉や、身近なところで摘んだスギナやヨモギをお茶として利用してみましょう。採集や乾燥、保存にはそれぞれポイントがあります。

採集のコツ

●できるだけ晴れた日の午前中に行いましょう。

●湿度の低い日がよいでしょう。

●花を摘む場合は、咲き始めのものを選びます。香りがある花は、香りが強いものを。

●葉を利用する場合は、葉のみ摘みます。葉が小さい場合は茎ごと採りましょう。

●地上部分をすべて利用する場合は、刈り取ってから小分けにします。

●根を採集する場合、あらかじめ根の伸び方を調べておき、途中で切ってしまわないように注意して掘り上げます。

●種子を利用する場合、熟したものを摘み、すぐに紙袋などに入れます。茎ごと採集する場合は、紙袋をかぶせてから茎を切り、袋の口をしっかり縛って逆さにします。

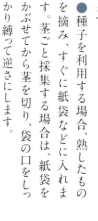

乾燥のコツ

●採集したら、ゴミや虫を取り除き、きれいな水で洗います。水けをよく切ったら、なるべく早く日陰で乾かしましょう。

●根は丁寧に洗って土を落とします。根が太い場合は乾きにくいので、適宜、切ってから干しましょう。

●ゴザやザルに重ならないように広げ、直射日光が当たらない、風通しのよいところで乾かします。

●根や枝などのかたいものは日当たりのよい屋外で干すこともできます。短い時間で一気に干しましょう。

●乾燥させる際は天候の変化に注意しましょう。

●乾燥の目安は、茎はポキンと折れるぐらいに、葉は触ってぽろぽろと崩れる程度です。

保存、保管のコツ

●湿気に十分注意します。味が落ちるだけでなく、カビや虫がつく原因になります。

●乾燥剤とともに厚手の紙袋に入れ、口をしっかり閉じ、空き缶や密閉できる容器に入れて保存しましょう。

●6か月をめどに使い切りましょう。

使用のコツ

●そのまま湯を注いで飲みます。あるいは、弱火でから煎りすると香ばしいお茶になります。

●樹皮や根など、かたい部位を使う時は、10分ほど水に浸けてやわらかくしてから、加熱します。沸とうしたら弱火にして、10分ほど煮出しましょう。

ユズ

血流を促進し 寒い時期に体を守る

8世紀に日本に渡来して以降、ユズは食用や薬用に使われる有用果実として広く栽培されています。

夏に収穫される未熟な青ユズは、ユズこしょうやユズ酒に、秋から収穫する黄ユズは、果汁、果肉、果皮、種子と丸ごと利用されます。ビタミンCはミカンの3倍量を含み、**美肌やかぜ予防効果**などが期待できるほか、**疲労回復**に役立つクエン酸もたっぷり。

皮の部分に多く含まれる精油成分のリモネンやリナロールには、**抗酸化作用**のほか、**抗炎症や鎮静、血行促進、免疫力増進などの働き**があります。冬至の日にユズ湯に入ることは、**肩こり、腰痛などの痛みや肌荒れの改善効果**があるだけでなく、新しい年を迎えるにあたって、強い香りで邪気を払うという意味もあったようです。

実 皮 種 葉

ユズ皮ティーに摘みたての生の葉を加えるとさわやかなグリーンの香りが

青ユズの香りはみずみずしくシャープ。果汁はもちろん、皮をおろしたり、吸い口にあしらったりと重宝します。

青ユズで作る自家製ユズこしょう

青ユズの皮を薄くむき、みじん切りにします。種子を取り除いた青トウガラシも細かく刻み、ユズの皮、塩と合わせてフードプロセッサーにかけます。ユズ果汁を少し加えるとなめらかな仕上がりになります。

ポン酢も手作りで

しょうゆとユズ果汁、みりんを合わせるだけで、簡単にポン酢が作れます。合わせる割合はお好みですが、しょうゆ7：果汁5：みりん3の七五三比率が安定しているようです。しょうゆとみりんを火にかけ、煮立ったら冷まします。容器に注ぎ、果汁と昆布を加えたら出来上がり。2週間ほどおくと、味がなじんでおいしくなりますよ。

抗アレルギー

血行促進

健胃

ドライ ユズの皮を干して利用

1 白いワタの部分が入らないよう、黄ユズの皮を薄くむき、ザルに広げて天日で干します。

2 数日でカラカラになります。このままユズ皮ティーとして飲用してもよいでしょう。

3 ミルにかけ、ユズ皮パウダーを作ります。ひきたての香りは格別です。

浸出油

調理用にも使いやすいよう、生搾りゴマ油を選び、ユズ皮オイルを作りました。

ユズ皮オイルにミツロウを加えて、リップクリームに。

保存 ユズ果汁の保存

ユズがたくさん手に入ったら、果汁を搾り、保存します。

冷蔵庫で保存する場合は酢を1割加えると保存性が高まります。香りが飛びやすいので、1週間を目安に使い切りましょう。ジッパー付きの保存袋に入れ、冷凍保存をしておくのもよいでしょう。薄くのばして冷凍し、必要な分を折り取って使います。保存期間は1か月をめどに。

チンキ 種子のローションで美肌に

民間療法ではよく知られた美容水。しっとりして、肌の調子が上がります。種子を焼酎やウォッカに漬けて2週間ほどおくと、まわりがゼリー状になってきます。精製水で薄めれば、ローションの出来上がり。ほかのハーブチンキとブレンドしても。

Data

学　　名	Citrus junos
和　　名	ユズ（柚子）
別　　名	ユノス、オニタチバナ（鬼橘）
科名属名	ミカン科ミカン属
原 産 地	中国長江上流
作　　用	血行促進、毛細血管強化、発汗、健胃、血圧降下、血中コレステロール降下、抗アレルギー、抗菌、消炎
適　　応	疲労、神経痛、リウマチ、冷え、腰痛、打ち身、捻挫、かぜ、食欲不振、ひび、しもやけ、高血圧
副 作 用	エッセンシャルオイル使用時は光毒性に注意する

クチナシ

Gardenia

実

かすかな臭いがあり、
口にすると苦みがあります

スーパーの調味料コーナーでも見かけます。

オレンジ色の実には消炎や利尿作用が

梅雨の頃になると、あたりに漂う甘く上品なクチナシの香りにハッとすることがあります。庭や遊歩道沿いに植えられていることも多いクチナシですが、薬用に使うのは、一重の花のあとにできる果実です。

ラグビーボール形の果実は秋になるとオレンジ色に熟します。この実を乾燥させたものを生薬では「山《さん》梔《し》子《し》」と呼び、煎じたものは**消炎や止血、利尿に利用**されます。ゲニポシドという**苦みのある成分には胆汁分泌促進作用**が、**黄色色素成分クロシンには抗酸化作用があり**、クロシンは栗きんとんやたくあんの着色料としても用いられています。

品種

八重の花

八重咲き品種は実をつけないので、薬用には使いません。

「口無し」の話

クチナシの実は熟しても割れず、口を開かないことから「口無し」という名前がついたといわれています。また、実の先端が容器の注ぎ口に似ていることから「口成し」という説も。

消炎

鎮静

緩下

Data

学名	Gardenia jasminoides
和名	クチナシ（梔子）、サンシシ（山梔子）
別名	ガーデニア
科名属名	アカネ科クチナシ属
原産地	中国、日本、台湾
作用	消炎、止血、解熱、鎮静、胆汁分泌促進、胃液分泌抑制、整腸、緩下
適応	打撲、切り傷、擦り傷、肝臓の不調、膀胱炎など泌尿器系の感染症、腰痛
副作用	知られていない

庭にあるチカラの木

コブシ

Kobusi Magnolia

花

苦みと辛みが感じられます

つぼみの精油成分が鼻炎や花粉症に有効

日本各地の山野に自生するコブシは、公園や庭にも植えられている高木です。早春、ほかのどの木よりも早く、白い花が一斉に咲き始めます。昔から、コブシの花の時期になると田んぼの準備を始めたことから、「田打ち桜」の別名もあります。

開花する前に収穫したつぼみを乾燥させたものを、漢方では「辛夷《しんい》」と呼びます。精油成分を含み、よい香りがありますが、辛みと苦みもあるのが特徴。**鼻炎や花粉症、蓄膿症《ちくのうしょう》の薬として使用**するほか、**鎮静作用もあるため、頭痛にも有効**です。コブシと同属のタムシバのつぼみも辛夷として扱われます。

つぼみを覆う苞にびっしりと毛が生えているのが特徴。特有の強い香りがあります。

品種

コブシの花の仲間

つぼみの形が拳に似ていることから「コブシ」の名がつきました。日本にはコブシの仲間であるモクレン科モクレン属の植物がたくさんあり、いずれも多数の雌しべと雄しべがらせん状についた花芯を持つという特徴があります。

ハクモクレン、オオヤマレンゲ、タイザンボクといったモクレン属の木のつぼみも鼻づまりや頭痛の民間薬として用いられることがあります。

オオヤマレンゲ

タイサンボク

ハクモクレン

花芯
（タイサンボク）

鎮静

鎮痛

消炎

Data

学　名	Magnolia kobus
和　名	コブシ（辛夷）
別　名	コブシハジカミ、ヤマアララギ、タウチザクラ
科名属名	モクレン科モクレン属
原産地	中国
作　用	鎮静、鎮痛、抗炎症
適　応	鼻炎、蓄膿症、花粉症、かぜによる頭痛

サンショウ

Japanese pepper

実 皮 葉

サンショウには鋭いトゲがありますが突然変異で生まれたトゲなし品種も

使うのは外側のかたい果皮。半割りにして中の種子を取り除いたホールとそれを砕いた粉末があります。

しびれる辛さで胃腸の働きを活発に

日本を代表する薬木で、若芽、若葉、花、未熟果、完熟果とほぼすべての部位を利用しています。さわやかな香りとともに、実には舌がしびれるような強い辛みがあるのが特徴です。若い葉は「木の芽」と呼ばれ、木の芽みそや煮物の彩りとして香りを楽しみます。花や青い果実は佃煮などに、完熟し果実のかたい皮は砕いて粉山椒として使われます。

辛み成分のサンショオールは胃腸を刺激して運動を促進する健胃作用があるほか、強い殺菌作用もあるため、駆虫効果もあります。漢方では健胃や利尿に処方されています。

チンキ

サンショウチンキ

血行促進や保湿効果があり、市販の育毛剤や化粧品にもサンショウエキス（チンキ）が利用されています。

Data

学　　名	Zanthoxylum piperitum
和　　名	サンショウ（山椒）
別　　名	サンショウペッパー、ハジカミ
科名属名	ミカン科サンショウ属
原 産 地	日本、朝鮮半島南部
作　　用	健胃、利尿、鎮痛、鎮痙、駆虫、抗菌、抗真菌
適　　応	食欲不振、消化不良、胃炎など胃腸の不調、むくみ
副 作 用	知られていない

健胃
利尿
鎮痛
鎮痙

カキ

Kaki

ビタミンCたっぷり 野草茶の定番

国内で広く見かけるカキは、古い時代に中国から持ち込まれ、奈良時代にはすでに栽培されていました。当初はすべて渋柿でしたが、鎌倉時代には突然変異で甘柿が生まれ、それ以降、品種も増えたそうです。

「柿が赤くなると、医者が青くなる」といわれるほど、果実は栄養豊富で、ビタミンC、β−カロテン、カリウム、食物繊維を含みます。

カキの葉の有効成分はというと、かぜ予防や美肌作用があるビタミンCが大変多く、しかも熱に強い状態で含まれているのが特徴です。また、強い抗酸化作用や抗炎症作用もあるクエルセチンやタンニンも含みます。

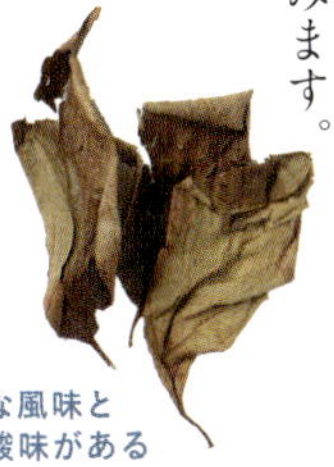

実 葉

さわやかな風味と
かすかな酸味がある
オレンジ色のティー

漢方ではヘタを使います

漢方では「柿蒂《してい》」と呼ばれ、煎じたものはしゃっくり止めに。

カキの渋

渋の正体は柿タンニンという成分で、強烈な渋みを示すのが特徴。タンニンはたんぱく質と反応して収れん（ひきしめ）や止瀉（下痢止め）といった作用があります。カキのタンニンは、干したり渋抜き処理をすることで、溶け出しにくい性質に変わるため、渋みを感じなくなりますが、有効成分は残ります。

干し柿にはミネラルと食物繊維がたっぷり

抗酸化作用が高いタンニンやβ-カロテン、便秘を改善し美肌を作る食物繊維が豊富に含まれています。しかし、カロリーは276kcal（100gあたり）と高め。食べすぎに注意しましょう。

Data

学名	Diospyros kaki
和名	カキノキ（柿の木）
別名	カキ（柿）
科名属名	カキノキ科カキノキ属
原産地	中国
作用	抗菌・血行促進・抗炎症（葉）、鎮痙・鎮咳・制吐（蒂《へた》）、滋養強壮（実）、収れん・抗炎症（柿渋）
適応	高血圧・冷え（葉）、しゃっくり・咳・吐き気（蒂）、疲労回復（実）、皮膚の不調・痔（柿渋）
副作用	知られていない

抗菌

血行促進

消炎

ビワ

Loquat

葉 実 種

葉を採集する際は
先端の新葉ではなく
色が濃い下葉が
おすすめ

優れた効能を持つ魔法の木

健胃
鎮痛
消炎

数千年前のインドの仏典に「大薬王樹」と紹介されているビワは、古くからその効能が知られています。日本では奈良時代からビワの葉を使った療法が行われていて、ビワの木がある寺院には病に悩む人々が集まったといいます。

葉には咳を鎮め痰を切る作用があるアミグダリン、炎症を抑えるテルペノイド、抗菌作用がある精油成分などが含まれ、煮出し汁を飲用したり、入浴剤として利用してきました。江戸時代にはビワの葉に生薬を加えて煮出した「枇《び》杷《わ》葉湯《ようとう》」という飲み物が夏バテに効くとして人気を博しました。大正時代になると神経痛や関節痛に対してビワの葉を使った温灸が行われるようになり、現在でも人気の民間療法となっています。

葉がかたいので刻んでからお茶にします。番茶のようで飲みやすい味です。

葉の裏には茶色い毛がびっしりと生えているので、ブラシでこすって落としてから利用します。残っていると内服したときにのどがチクチクします。

酒 万能薬といわれる ビワの葉酒

葉の裏には細かい毛が生えていて、のどの粘膜を刺激する場合があるので、歯ブラシなどで取り除いてから利用します。2〜3㎝幅に刻んだ葉をホワイトリカーに漬け込み、3〜4か月経って十分に色づいたら使いましょう。傷、やけど、虫さされ、打ち身、ねんざなどには塗って使います。あせもや湿疹、肌荒れには入浴剤としての使用がおすすめ。もちろん飲用もできます。

Data

学　　名：Eriobotrya japonica
和　　名：ビワ（枇杷）
科名属名：バラ科ビワ属
原 産 地：中国
作　　用：健胃、鎮痛、賦活、抗炎症
適　　応：神経痛などの痛み、胃腸の不調、食欲不振、あせも、湿疹、打ち身、ねんざ、暑気あたり
副 作 用：妊娠中は使用しない

現代版「枇杷葉湯」を作ってみましょう

江戸時代に流行った「枇杷葉湯」は、枇杷、肉桂（ニッケイ）、莪述（ガジュツ／紫ウコン）、呉茱萸（ゴシュユ）、木香（モッコウ）、甘草（カンゾウ）、藿香（カッコウ）の7種類の生薬から作られていたそうです。これらをなじみのあるハーブに差し替えて考えて、「ビワ・ニッケイ・ウコン・サンショウ・タンポポ・リコリス（カンゾウ）・シソ」を選びました。胃腸を整え肝臓をいたわるお茶になりました。

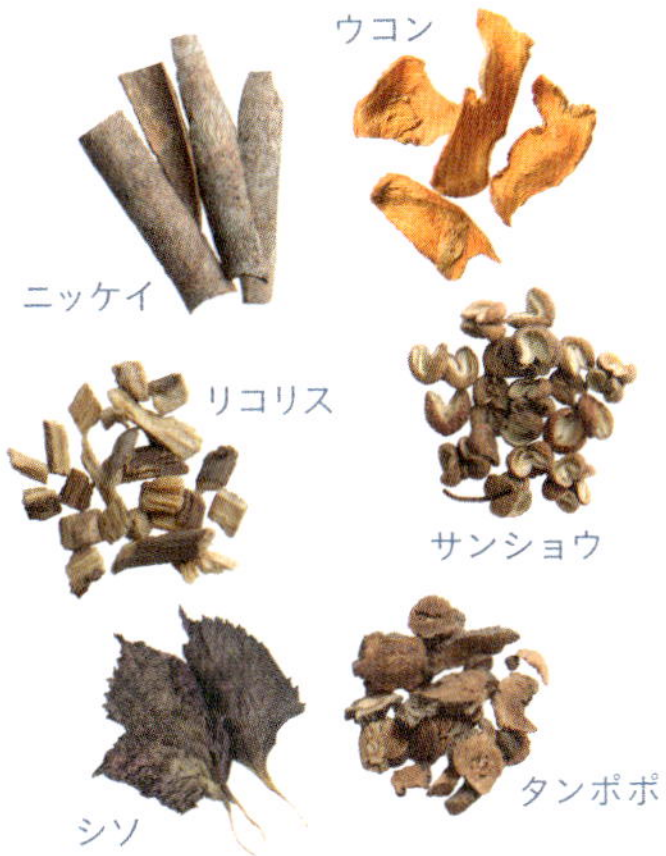

種子にも 有効成分がたっぷり

咳を鎮める作用があるアミグダリンは種子にも含まれています。果実を使ってビワ酒を作る際は、種子も一緒に漬けるとよいでしょう。

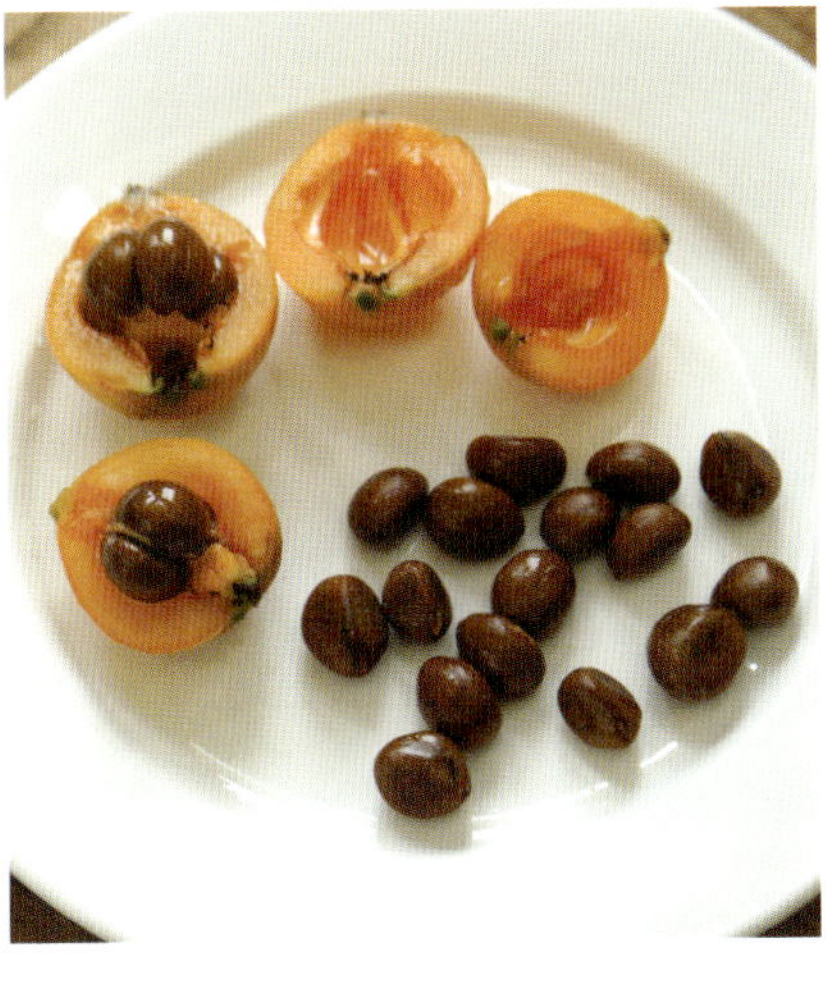

キンモクセイ

Kinmokusei

ドライでもかなり香りが強く、癒されます。コーディアルにするのもおすすめです。

花

木によって、あるいは場所によって花色に違いがあります

秋を告げる香りには安眠作用が

庭木としてなじみの常緑小高木で、9月になると十字型をしたオレンジ色の小さな花をつけます。甘くフルーティなその香りに秋の訪れを感じる人も多いでしょう。

たくさんの花をつけますが、実は結びません。キンモクセイは雌雄異株《しゆういしゅ》ですが、日本にある木はほとんどがオスだからです。

キンモクセイの花は「桂花」と呼ばれ、お酒やお茶、蜜煮にしたり、料理の飾りにも使われています。芳香に含まれるリナロールやオイゲノール、ゲラニオールといった成分には抗炎症、鎮静、リラックスなどの作用があります。やや香りが薄いギンモクセイにも同様の効果があるようです。

健胃

鎮静

酒 不眠には キンモクセイ酒

砂糖とともにホワイトリカーで漬け込んだキンモクセイ酒は、お休み前にぴったりのお酒。甘い香りでリラックスし、ぐっすり眠れます。

切っても切れないトイレとの関係

水洗トイレが発達する以前、トイレの悪臭をごまかすため、香りの強いキンモクセイをトイレの近くに植えることが多かったそうです。トイレの芳香剤にキンモクセイの香りがあるのは、そのころの名残かもしれません。

Data

学　名	Osmanthus fragrans var. aurantiacus
和　名	キンモクセイ（金木犀）
別　名	タンケイ（丹桂）
科名属名	モクセイ科モクセイ属
原産地	中国南部（広東省）
作　用	健胃、鎮静
適　応	胃腸の不調、不眠、低血圧の改善

野山で出会える和のハーブ

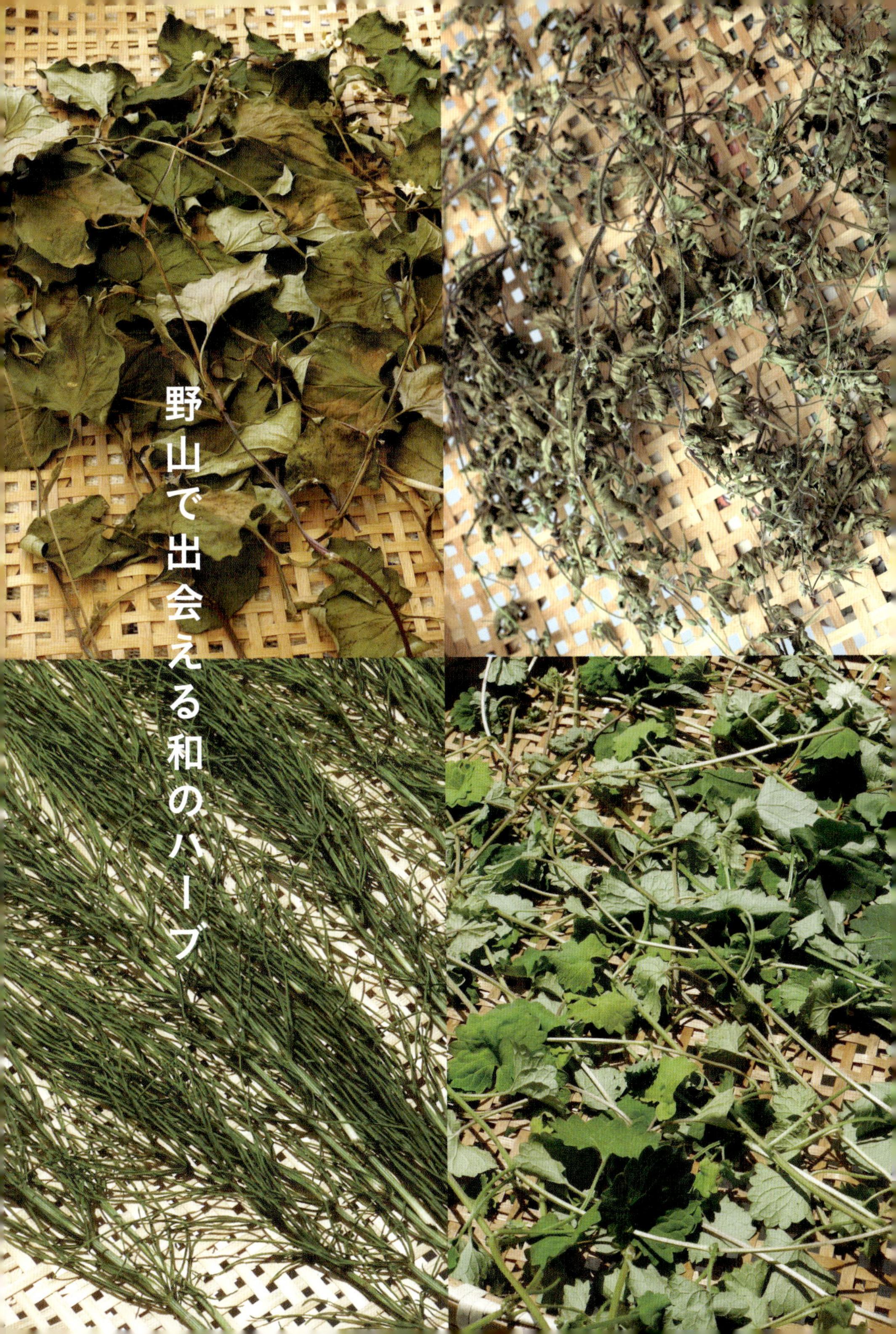

野草を摘む際に注意すること

野山を歩いて野草を摘むのは楽しいものですが、自由気ままに好きなものを採っていいわけではありません。確認しなければいけないこと、守らなければいけないルールがあります。

採集場所

すべての土地には所有者がいるので、自分の庭以外の場所では、原則として所有者の許可がなければ採集してはいけません。特に国定公園のように自然環境が保護されている場所での採集は、処罰の対象になるので注意しましょう。慣例的に採集されているのは、道路端や空き地、川の土手など。人通りが多い場所であれば、犬の散歩などで野草が汚れていることも考慮しましょう。

摘み方

採りすぎは禁物。野草に対する配慮を持って、必要な分だけ採るようにしましょう。その場所でその野草が絶えてしまうことがないよう、株を残すことも大切です。採集したあとは、まわりの土や植物を元の状態に戻しておくことも忘れずに。また、絶滅が心配されている品種は採集してはいけません。*

同定

自分が探している野草かどうか、きちんと確認することが重要です。似た姿の植物はたくさんあるので、特徴がよくわかる図鑑を確認し、同一かどうかを正確に見極めましょう。

時期

利用する野草の部位によって、採集に適した時期があります。丸ごとを使う場合は花が咲き始めた頃がもっとも充実しているので、そのタイミングで採集します。花を利用する場合は、開花したてのものが望ましく、香りがある花なら香りが強い時がよいでしょう。根を使うものは、養分が豊富である秋から冬にかけての採集がおすすめです。

毒草に注意

身近にある野草の中には毒性のあるものも少なくありません。毒成分は使い方によっては強い薬効を現しますが、それを使いこなせるのはプロのみ。誤って口にすると、命の危険にさらされかねません。野草をよく知っている人と行動しましょう。また、採集の際、毒ヘビやハチといった危険な生物と出くわす場合もあるので、十分に注意を払って行いましょう。

使い方あれこれ

　乾燥させた野草は湯を注いでお茶として飲むのが一般的ですが、有効成分をより多くいただくためには、次の3つの方法があります。

❶煎じて飲む

乾燥させた野草を水から煮出し、煮詰めたものを飲みます。飲みにくい時は、湯を注いで薄めても。

❷薬草酒にする

野草にホワイトリカーを注ぎ、好みで砂糖を加えて冷暗所に置き、3か月ほど熟成させます。出来上がった薬酒は1回につき20～30mℓを飲みましょう。（P52参照）

❸入浴剤にする

煎じた汁や薬草酒をお風呂に入れて、薬湯に。天然塩と混ぜて使ってもよいでしょう。

＊絶滅危惧種のリスト等詳細は環境省のHPを参照してください。

アケビ

Chocolate Vine

むくみを取り炎症を抑える

実 茎

香りはほとんどありませんが苦みが少しあります

山野に自生するつる性の植物。秋に実る薄紫色の果実は熟すと縦に開き、中が見えることから「開け実」の名前がつきました。果実には甘みがあり、ねっとりとした独特の食感があります。晩秋の頃に収穫する太いつるは、漢方では「木通《もくつう》」と呼ばれる生薬。サポニンやカリウムを含み、利尿作用があることから、むくみや泌尿器系の不調に用いられます。

注意
中国で「木通」と呼ばれるのはアケビではなく「関木通《かんもくつう》」という別の植物。腎臓障害を起こすおそれのある成分を含んでいるので、注意が必要です。

Data

学名	Akebia quinata
和名	アケビ（通草）
別名	アケミ
科名属名	アケビ科アケビ属
原産地	日本
作用	利尿、消炎、通経、胃液分泌抑制
適応	むくみ、月経不順、ストレスによる胃潰瘍予防、関節リウマチ、神経痛
副作用	中国産の木通（関木通）には、腎障害を引き起こすアリストロキア酸が含まれるので注意

イカリソウ

Barrenwort

木陰に生える強精・強壮の草

茎 葉

葉は薄くパリパリとしています。わずかな苦みが

日本の山野に自生している多年草で、春になると、船の錨の形に似た可憐な花を咲かせます。カサカサとした質感を持つ葉は3つに枝分かれし、その先に3枚ずつついているので「三枝九葉《さんしくよう》草《そう》」という別名もあります。葉には抗酸化作用のあるフラボノイドのイカリインやアルカロイドのマグノフロリンを含み、滋養強壮や強精作用があるとされています。イカリソウの酒「仙霊脾酒《せんれいひしゅ》」は古代中国の時代から精のつく酒として飲まれていたそうです。

Data

学名	Epimedium grandiflorum
和名	イカリソウ（錨草、碇草）
別名	サンシクヨウソウ（三枝九葉草）
科名属名	メギ科イカリソウ属
原産地	日本
作用	滋養強壮、強精
適応	不妊症、リウマチ、運動麻痺、筋肉の痙攣
副作用	過量摂取は、めまいや吐き気、口渇や鼻出血などの副作用の可能性

Japanese Chaff Flower / Himeukogi

イノコズチ

根 茎 葉

生薬名は茎の節が肥大すると牛の膝のように見えることから

空き地で見つかる生薬 足腰の痛みにも

空き地や道路脇、山野と、いたるところに自生している多年草です。8～9月になると花穂が伸び、目立たない小さな花を咲かせ、実を結びます。ラグビーボール型の小さな果実はトゲがあるため、動物の毛や人間の衣服にくっついてあちこちに運ばれていきます。イノコズチの根を乾燥させたものは「牛膝《ごしつ》」と呼ばれる生薬で、月経不順、膀胱炎、膝の痛み、腰痛に用いられます。なお、正確には、日なたに生えるものをヒナタイノコズチ、日陰に生えるものをヒカゲノイノコズチと呼びます。

利尿

鎮痛

Data

学名	Achyranthes japonicaヒカゲノイノコズチ Achyranthes fauriei ヒナタイノコズチ
和名	イノコズチ（猪子槌）
別名	フシダカ
科名属名	ヒユ科イノコズチ属
原産地	中国、日本
作用	通経、利尿、鎮痛
適応	生理不順、膀胱炎、腰痛、膝痛、虫刺され
副作用	知られていない

ウコギ（ヒメウコギ）

根 茎

香りはなく、ほのかに苦みがあります

若芽は山菜に根の皮は 滋養強壮に

山形県の米沢市では垣根として植えられている低木です。「トゲがあるため防犯に役立ち、万一のときには非常食としても利用ができる」として、江戸中期の米沢藩藩主上杉鷹山《うえすぎようざん》公が栽培を推奨したといわれています。ほろ苦い新芽や若葉を、山菜感覚でお浸しや天ぷらにしたり、ご飯に炊き込んだりして食します。乾燥させた根は「五加皮《ごかひ》」という生薬として利用され、冷え性や不眠症、更年期の諸症状の改善に役立つとされています。

滋養強壮

利尿

鎮痛

Data

学名	Eleutherococcus sieboldianus Acanthopanax sieboldianus
和名	ヒメウコギ（姫五加、姫五加木）
別名	ウコギ
科名属名	ウコギ科ウコギ属
原産地	中国
作用	滋養強壮、利尿、去湿、鎮痛
適応	リウマチ、神経痛、浮腫、冷え性、不眠症、更年期障害
副作用	高血圧の人は使用を控える

オオバコ

Plantain

道端のものは踏まれるため背丈が伸びませんが、栽培しているものは背丈が30㎝近くにまで育ちます。

花 葉 茎 根 種

香りや味には特徴がなく飲みやすい

粘膜保護成分がのどのトラブルを鎮める

葉や茎がかたく、踏みつけられてもびくともしない頑丈な草で、花茎の引っ張りっこは子どもの遊びの定番でした。

春から秋にかけて、小さな花が穂状に咲きます。花のあとにできる種子は水に濡れるとゼリー状に膨らむため、靴の裏や車のタイヤにくっついて道沿いに運ばれていきます。道端に生えているのにはそんなわけがあります。

草全体に含まれる粘液質には粘膜を保護する働きがあるので、のどの痛みや咳止めに使われてきました。また、利尿や緩下作用もあるので、むくみや高血圧、腸内環境の改善にもよいといわれています。

利尿　止瀉　去痰　鎮咳

Data

学　名	Plantago asiatica
和　名	オオバコ（大葉子）
別　名	オンバコ、カエルッパ
科名属名	オオバコ科オオバコ属
原産地	中国、韓国、日本
作　用	利尿、止瀉、去痰、鎮咳、消炎
適　応	むくみ、下痢、咳、痰、鼻血、腫れ物
副作用	種子は、腸閉塞、食道狭窄、異常な腸の狭小化には禁忌

浸出油 オオバコ軟膏

干したオオバコの全草を浸け込んだ浸出油とミツロウで軟膏を作りました。虫さされやちょっとした傷など肌のトラブルに。

品種 帰化植物のヘラオオバコ

近頃、公園や空き地でよく見かけるのが近縁種のヘラオオバコ。葉が細長く、オオバコよりもかわいらしい花をつけます。ヨーロッパでは薬草として利用されています。

Sicklepod / Glechoma

エビスグサ

健康茶の代表格 便秘や高血圧に

ケツメイシの名でも知られるマメ科の一年生植物。明るい緑色をした丸い葉と、鮮やかな黄色の蝶のような花が特徴です。花のあとには細長いさやができ、その中にできる菱《ひし》形の種子を煎って利用します。種子には**弱い瀉下《しゃげ》作用**のあるエモジンなどが含まれるので、**便秘に有効**ですが、香ばしくて風味がよいため、一般的には野草茶ブレンドの定番として利用されています。

種

香ばしいマメの香りがありクセがなく飲みやすい

利尿

緩下

Data

学　　名	Senna obtusifolia、Cassia obtusifolia
和　　名	エビスグサ（夷草）
別　　名	ロッカクソウ
科名属名	マメ科センナ属
原 産 地	中国、朝鮮半島、東南アジア、日本
作　　用	降圧、整腸、利尿、緩下
適　　応	高血圧、便秘、二日酔い、目の充血、視力低下
副 作 用	軟便や下痢の時、低血圧時は使用注意

カキドオシ

子どもの疳《かん》を取り除く薬草

繁殖力が旺盛で、垣根を通り抜けるほど丈夫なため、この名前がつきました。別名を「疳《かん》取り草」といい、古くから**子どもの疳や虚弱体質**には、このお茶を煎じて飲ませたそうです。春、シソ科特有の美しい唇形の花が咲いた頃の葉や茎が充実しているので、これを刈り取りましょう。ミントにも似たシャープな香りが立ち上ります。生薬名は「連銭草《れんせんそう》」といい、**腎臓病や糖尿病の症状**にも用いられます。

花 葉 茎 根

ミントのようなヨモギのようなさわやかな香り

利尿

消炎

Data

学　　名	Glechoma hederacea
和　　名	カキドオシ（垣通し）
別　　名	カントリソウ（疳取草）、レンセンソウ（連銭草）、グラウンドアイビー、グレコマ
科名属名	シソ科カキドオシ属
原 産 地	ヨーロッパ、東アジア
作　　用	胆汁分泌促進、利尿、血糖降下、抗炎症
適　　応	尿路系炎症、尿路結石、糖尿病、発熱、小児疳の虫、湿疹などの皮膚炎症
副 作 用	知られていない

カラスビシャク

Crowdipper / Japanese Snake Gourd

ユニークな花を咲かせる 吐き気止めの生薬

緑色のへらのような独特な形の花をつけます。葉のまん中や茎の途中などに小さなむかご＊をつけ、これによってどんどん増えていきます。繁殖力が強く、取っても取っても出てくるので「百姓泣かせ」という別名もありますが、昔、農家の人たちは球茎やむかごを集めて売り、小遣い稼ぎをしたことから「へそくり」の名前もあります。皮をむいた球茎を干したものが生薬の「半夏《はんげ》」で、咳や吐き気を鎮め、痰を切る作用があります。

＊むかご…種子ではないが、繁殖できる器官のこと。

球

ユニークな
仏炎苞《ぶつえんほう》（花）は
まわりで案外
よく見つかります

鎮咳

去痰

Data

学　　名：Pinellia ternata
和　　名：カラスビシャク（烏柄杓）
別　　名：ヘソクリ
科名属名：サトイモ科ハンゲ属
原 産 地：中国、韓国、日本
作　　用：制吐、唾液分泌、鎮咳、去痰、鎮静、抗炎症、抗アレルギー
適　　応：吐き気、つわり、健胃
副 作 用：未加工塊茎ハンゲは激しい舌やのどの痛みなどの症状に注意

キカラスウリ

根を粉にしたものは 天花粉の原料に

山林や空き地などの樹木に絡み、秋になると黄色い実をつけるつる植物がキカラスウリです。まっ赤な実をつけるカラスウリに比べると目立ちませんが、その根からとれるでんぷんを乾かしたものが、「汗知らず」とも呼ばれる「天花粉《てんかふん》」なのです。根を煎じたものは解熱や利尿、催乳を目的として利用されています。カラスウリの名前の由来は諸説ありますが、植物学者の牧野富太郎博士は「カラスでさえ食べ残す（まずい）ウリ」としたようです。

利尿

根　種

利用するのは肥大した
根の部分

止瀉

Data

学　　名：Trichosanthes kirilowii
和　　名：キカラスウリ（黄烏瓜）
別　　名：ムベウリ
科名属名：ウリ科カラスウリ属
原 産 地：中国、韓国、日本
作　　用：解熱、利尿、催乳、止瀉（根）、
適　　応：消炎、鎮咳、去痰（種子）
虚証の口渇、発熱、むくみ、下痢（根）呼吸器疾患、乾燥性の咳や痰、口渇（種子）
副 作 用：知られていない

野山で出会える

クズ

Kudzu

根 花

臭いはなく、
ほのかな甘みがあります

二日酔いにはクズの花
（葛花）のお茶を

かぜの初期症状には クズの根が効く

土手の斜面や林の木々を覆いつくすように、太いつるをはびこらせているのがクズです。秋の七草の一つで、古くから食用だけでなく、薬用、布（葛布）の繊維などに用いられてきました。詩歌や絵画など多くの文化的な題材にもなっています。

クズの根には多種のイソフラボンが含まれていて、女性ホルモンに似た作用があり、骨粗しょう症や乳がん抑制効果が期待されます。そのほか、血糖値降下や鎮痛、鎮痙、解熱作用も知られています。漢方では「葛根」と呼ばれ、かぜ薬に配合されています。

秋になって掘り上げた根の皮をむき、砕いて精製したものが「葛粉」。葛粉に水と砂糖を加え、とろ火で加熱した葛湯《くずゆ》は、かぜのひき始めにおすすめです。

本葛粉？ それとも？

100％クズ由来のものを本葛粉と呼びます。しかし、生産量が少なく高価なため、ジャガイモ粉、サツマイモ粉やトウモロコシ粉（コーンスターチ）などのでんぷんを混ぜてあるものも葛粉として一般流通しています。本来の葛粉には少し苦みがあります。

葛根《かっこん》ハーブティー

鍋に葛粉と砂糖、好みのハーブティーを入れ、弱火にかけてよくかき混ぜます。とろみがついたら出来上がり。かぜのひき始めならエルダーフラワーやジャーマンカモミールがおすすめ。砂糖かハチミツで少し甘みを加えて。

Data

学名	Pueraria lobata
和名	クズ（葛）、ウラミグサ（裏見草）、クズカツラ
別名	カンネ、カンネカズラ
科名属名	マメ科クズ属
原産地	日本、中国
作用	血行促進、発汗、解熱、解毒、鎮痛
適応	かぜ、肩こり、下痢、頭痛、更年期障害の症状
副作用	知られていない

血行促進

鎮痛

クワ

Mulberry

野草茶として売られているものは鮮やかな緑色のお茶。ハーブショップで「マルベリーティー」として扱われているものはローストしたものもあります。クワの実は長さ1.5㎝ほど。

パウダー　クワのパウダーで美肌パック

クワに含まれる美肌成分を、ヨーグルトを使ったパックで取り込みましょう。パウダーとヨーグルトを同量ずつ合わせ、よく混ぜてから肌に塗り、10分ほどおいてから洗い流します。ザルなどを使い、あらかじめヨーグルトの水分を切っておくとよいようです。やわらかすぎる場合は小麦粉を適量加えて調整しましょう。

ローストなしはグリーンティーのような風味。ローストありは番茶のよう

糖尿病や肥満などの生活習慣病予防に

美しい絹糸を生み出すカイコが食べる葉で、山野でよく見かける高木です。夏には甘酸っぱい実をつけ、山歩きの際のおいしいおやつとなります。

クワの葉に含まれるデオキシノジリマイシンという成分には、糖の吸収を抑制し、血糖値の上昇を抑える効果があります。クワの葉茶を食前、あるいは食事と一緒にとれば、ダイエットにも有効です。吸収を抑制された養分は大腸で腸内細菌のエサになるため、腸内環境が改善され、生活習慣病予防にもなります。

また、美白成分クワノンを含むことも知られています。

Data

学　名	Morus alba
和　名	マグワ（真桑）
別　名	マルベリー
科名属名	クワ科クワ属
原産地	中国、朝鮮半島
作　用	α-グルコシダーゼ阻害による血糖調整
適　応	糖尿病や肥満などの生活習慣病予防
副作用	まれに腹部膨満感

ゲンノショウコ

下痢をピタリと止める 昔ながらの民間薬草

日本全国どこでも見かける野草で、ウメの花に似たかわいい花をつける多年草です。別名を「医者いらず」や「たちまち草」といい、煎じて飲めばすぐに下痢が止まることから、「現の証拠」（あるいは「験の証拠」）との和名がつけられました。

収れん作用があるタンニンを含むので、下痢を止める働きがあります。また、ケンフェロールという成分には胃腸の調子を整える作用があるので、下痢にも便秘にも効果があるというわけです。

ゲンノショウコの花には白色と紅紫色があり、東日本には白花が、西日本には紅紫花が多いといわれています。

茎 葉
いかにも胃腸に効きそうな渋みがあります

花が咲く夏の時期にたくさん収穫し、乾燥させて、常備します。

採集するときには花を確認

ゲンノショウコの葉は、猛毒があるトリカブトとよく似ています。採集は必ず開花時期（7〜8月頃）に行い、花を確かめてから摘みましょう。

紅紫花

よく似た「アメリカフウロ」

北アメリカ原産の帰化植物で道端や空き地でよく見かける野草です。ゲンノショウコに比べると葉の切れ込みが細かくて深いのが特徴。

白花

消炎
抗菌
収れん

Data

学名	Geranium thunbergii
和名	ゲンノショウコ（現の証拠）
別名	ミコシグサ（御輿草）、ネコノアシグサ（猫の足草）、イシャイラズ（医者いらず）
科名属名	フウロソウ科フウロソウ属
原産地	日本、朝鮮半島、台湾
作用	整腸、抗炎症、抗菌、収れん
適応	下痢、便秘、湿疹、かぶれ、扁桃炎、切り傷の消毒
副作用	知られていない

スギナ

Horsetail

葉 茎

クセがなく飲みやすい
草の香りのティー

骨の発育にかかわる ケイ素がたっぷり

ツクシのあとに伸びてくる茎がスギナで、ギシギシとした手触りが特徴です。畑や空き地などあちこちで見かけますが、繁殖力が旺盛なため、厄介者扱いされることも少なくありません。

植物には珍しくケイ素をたっぷりと含んでいます。ケイ素は体内で骨や軟骨の発育にかかわるほか、コラーゲンやエラスチンなどの結合組織を強化する働きがあります。そのため、爪や髪に美しさを与えるほか、骨粗しょう症対策にも有効です。また、カリウムには利尿作用があるため、むくみや高血圧の改善にも役立ちます。クセもなく飲みやすいのですが、利尿作用が強いので、腎臓疾患のある人は使用してはいけません。

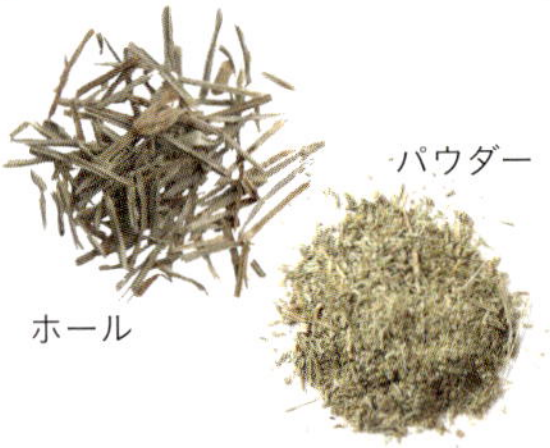

ホールでは針状の茶葉をミルにかけて粉末にしておくと重宝します。

チンキ パウダーとチンキ

クセがないスギナはほかの食材と合わせても違和感がありません。スギナのパウダーをふりかけ代わりにご飯にかけたり、ヨーグルトやアイスクリームに加えたりして、積極的に取り入れましょう。チンキならほかの飲み物に加えてもよいですし、植物油に混ぜて、指先のトリートメントマッサージを行えば、爪のケアにもなります。

ツクシとスギナ

ツクシとスギナは同じ植物ですが、部位が違います。スギナは「栄養茎」と呼ばれる茎と葉で、光合成を行う部位。ツクシは「胞子茎」といって繁殖のための部位で、胞子を飛ばしたらすぐに枯れてしまいます。

Data

学　名	Equisetum arvense
和　名	スギナ（杉菜）
別　名	ツクシ（土筆）、ツギマツ（接松）、モンケイ（問荊）、ホーステイル
科名属名	トクサ科トクサ属
原産地	西地中海沿岸
作　用	利尿、ケイ素補給、収れん、抗炎症
適　応	泌尿器の感染症、外傷後の浮腫および持続性の浮腫（内用）、難治性の外傷（外用）
副作用	知られていない。ただし、心臓や腎臓の機能不全の人には禁忌

利尿

収れん

消炎

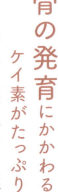

野山で出会える

Senburi/ Dayflower

センブリ

最強といわれる苦みが胃を健やかに

ドクダミやゲンノショウコとともに日本の民間薬として広く用いられてきたセンブリ。可憐な星形の白い花からは想像できないほど強い苦みがあり、「湯の中で千回振って成分を出してもまだ苦みが残る」ことから、この名前がついたといわれています。苦みは胃液の分泌を促進し、消化不良や食欲不振に有効です。生薬名は「まさに薬」を意味する「当薬」。近年は育毛剤にセンブリのエキスが利用され、話題になりました。

花 葉 茎 根

とにかく苦い。
罰ゲームの定番茶です

Data

学名	Swertia japonica
和名	センブリ（千振）
別名	イシャダオシ、トウヤク（当薬）
科名属名	リンドウ科センブリ属
原産地	日本
作用	健胃、整腸、毛細血管拡張、皮膚細胞賦活、発毛促進、血糖降下
適応	胃弱、食欲不振、消化不良、下痢、脱毛、薄毛、シミ
副作用	知られていない

健胃

ツユクサ

美しい青色は染料代わりに

鮮やかな青い花は半日でしぼんでしまうため、そのはかない様子が朝露にたとえられ、露草と名づけられました。梅雨の頃に咲きますが、「梅雨草」ではありません。子どもたちはツユクサの花弁で色水を作って遊びますが、古くからこの花の汁で布を染めていたそうです。花が咲いている時期に全草を刈り取って、乾燥させたものが「鴨跖草《おうせきそう》」という生薬で、解熱や下痢、のどの痛み、湿疹に利用されます。

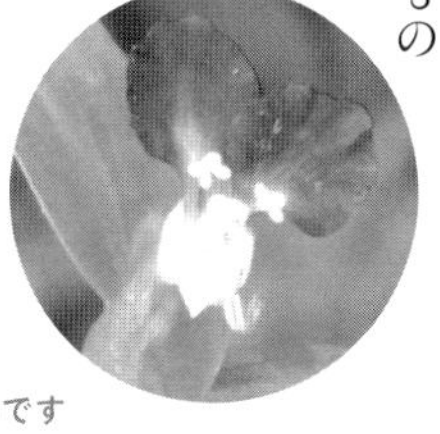

花 葉 茎 根

6枚の花弁のうち
大きな青が2枚あり、
残りは小さな白い花弁です

Data

学名	Commelina communis
和名	ツユクサ（露草）
別名	ツキクサ（着草）、ホタルグサ
科名属名	ツユクサ科ツユクサ属
原産地	日本
作用	解熱、止瀉、消炎
適応	かぜ、発熱、下痢、湿疹、かぶれ、のどの痛み、扁桃炎
副作用	知られていない

止瀉

消炎

タンポポ

Dandelion

胃腸や肝臓の不調にはタンポポ茶を

寒さが残る早春に、いち早く花を咲かせるのがタンポポ。日本には日本タンポポと西洋タンポポが自生しています。

タンポポの根でいれたお茶は苦みがあるので、コーヒー代わりになり、しかもカフェインを含まないので妊娠中や授乳中の女性にも好まれています。この苦みには胃腸を刺激する健胃作用や、胆汁の分泌促進、肝臓の機能を強化する働きがあります。さらにタンポポの根に含まれる食物繊維のイヌリンには緩下作用があり、消化不良による便秘を穏やかに改善してくれます。

葉にはカリウムやβ-カロテンが含まれていて、欧米ではサラダ野菜として生食されています。採集して食べる場合は、生えている場所を選び、汚れていないものを。

根

苦みの中にほんのり甘みを感じる風味

タンポポコーヒーを作ってみよう

お茶とコーヒーに大きな違いはありませんが、強いていえば、ローストの度合いでしょうか？
よく洗った根を刻み、天日または低温のオーブンにかけて干します。よく乾いたら、フライパンでから煎りして焙煎します。ミルで粉にし、ペーパーでドリップしてじっくりといれましょう。

少し濃いめにいれ、ミルクを加えてカフェオレ風にしてもおいしいです。

Data

学名	Taraxacum officinale
和名	セイヨウタンポポ（西洋蒲公英）
別名	ショクヨウタンポポ、クロックフラワー
科名属名	キク科タンポポ属
原産地	北半球温暖地域
作用	強肝、利胆、緩下、利尿、浄血、催乳
適応	肝胆系の不調、便秘、消化不良、リウマチ
副作用	キク科アレルギーのある人は使用しない

利胆・強肝

緩下

利尿

ナンテン

Heavenly Bamboo / Daylily

抗菌作用があり「難を転ずる」植物

厄を払う縁起のよい植物として、昔から玄関前などに植える習慣がありました。赤飯の上に葉を飾ったり、木材で箸を作ったりするのは、ナンテンに毒消しの作用があるとされていたからです。ナンテンの実はのど飴にも使われているように、咳を鎮める作用があります。また、乾燥させた葉を煎じたものは、扁桃炎や湿疹、かぶれにも用いられます。

消炎　抗菌　鎮咳

実　葉
白い実をつけるものもあり、どちらも薬用にされます

Data

学名	Nandina domestica
和名	ナンテン（南天）
科名属名	メギ科ナンテン属
原産地	日本、中国
作用	消炎、鎮咳（果実）、抗菌（葉）
適応	咳、気管支喘息、百日咳（果実）、扁桃炎、湿疹、かぶれ（葉）
副作用	多量に摂取すると神経麻痺を引き起こす可能性

ノカンゾウ

乾燥させたつぼみが熱を下げる

山野や土手などで、ユリのような鮮やかな花を咲かせているのがノカンゾウです。よく似たヤブカンゾウは八重咲きですが、ノカンゾウは一重咲きの一日花。デイリリーとも呼ばれます。開花前のつぼみを摘み、熱湯に数分浸してから干したものが「金針菜《きんしんさい》」で、中華材料としても知られています。つぼみには解熱作用がありますが、ビタミンやミネラルに富み、栄養価も高いので、発熱で体力を消耗したときにはぴったりです。

なお甘草《かんぞう》はリコリスというマメ科植物のことで、まったく別ものなので、混同しないようにしましょう。

花　根
はっきりした花の香りと甘みがあります

生

ドライ（金針菜）

Data

学名	Hemerocallis fulva
和名	ノカンゾウ（野萱草）
別名	オヒナグサ
科名属名	ススキノキ（ユリ）科ワスレグサ属
原産地	中国、日本
作用	解熱（つぼみ）、睡眠調節（根）
適応	発熱、膀胱炎、不眠症
副作用	知られていない

野山で出会える

ドクダミ

柑橘系にも似たさわやかな香りで飲みやすい

独特の臭いには強い抗菌作用が

日当たりがあまりよくない場所で群生するドクダミは、日本を含む東南アジア原産。茎と葉に独特の臭いがあるうえ、生命力がとても強く、あっという間にはびこるため、嫌がられることが多いようです。

しかし、その臭い成分デカノイルアルデヒドには強い抗菌力があり、体内に溜まった老廃物や有害物質を排出する働きがあります。ニキビや湿疹、腫れ物などの肌のトラブルや便秘、むくみに対して効果が期待できます。さらに、血管を丈夫にして血圧の上昇を抑えるフラボノイドも含むので、高血圧や動脈硬化の予防にも適応します。

日本では「十薬《じゅうやく》」とも呼ばれ、定番の野草茶ですが、近年、海外でも注目されているようです。

抗菌

利尿

緩下

花の咲いている時期に花ごと収穫します。収穫時は臭いが気になりますが、乾燥すると花のような香りがほのかにする程度に。

品種 ベトナム品種と八重品種

ベトナムの品種（上）は香りがマイルドなので生食しやすいそうです。苞《ほう》がたくさん重なって美しい八重品種（下）もあります。

ドクダミ茶を作ってみよう

基本

野草茶の作り方 基本

1 採集したらできるだけ早く水で洗い、汚れを落とします。
2 水けをふき取ったら、ザルに広げて風通しのよい場所で乾燥させます。
葉や茎などのやわらかい地上部分、花やつぼみ、臭いの強いものは陰干しで。ただし、太い根などは直射日光が当たるところで乾かしてもよいでしょう。
3 茎は折れるくらいに、葉はカラカラになったら乾燥完了です。
4 乾燥剤とともに紙袋に入れ、袋ごと空き缶などに入れて保管します。

＊そのまま飲んでもよいですが、飲む前にから煎りするとさらに風味がよくなります。

チンキ

可憐な花のチンキには美容作用が

花弁に見える白い部分は葉の変化した苞で、本当の花は中心の部分。小さな花が穂状に集まっています。有効な成分は開花前後の花に多いので、チンキを作って活用します。精製水で10倍に薄めてローションに。虫さされや腫れ物には原液を。軟膏を作ってもよいでしょう。もちろん、飲み物にたらして内服も。

生

緊急時には生の葉の出番

あせもやおむつかぶれ、化膿した腫れ物などには、抗菌作用が強い生の葉を。すりつぶして患部に塗布して手当てします。葉をすりつぶした汁は冷凍保存も可能です。

「ドクダミ」の名前の由来

「毒を矯《た》める（抑える）」「毒を溜《た》める」（＝臭いが強いので）「毒痛《いた》み」（痛みに効く）「毒止《ど》め」（毒が消える） など、「ドクダミ」の名前の由来は諸説あります。

Data

学　　名：Houttuynia cordata
和　　名：ドクダミ（毒溜）
別　　名：ジュウヤク（十薬）、ギョセイソウ（魚腥草）、ジゴクソバ（地獄蕎麦）
科名属名：ドクダミ科ドクダミ属
原 産 地：東アジア
作　　用：抗菌、利尿、緩下、解毒
適　　応：便秘、むくみ、ニキビ、吹き出物、高血圧、動脈硬化、腫れ物、カミソリ負け、靴ずれ、あせも、おむつかぶれなどの皮膚炎、慢性鼻炎
副 作 用：知られていない

ノイバラ

Multiflora Rose / Chickweed

実

秋になって色づく前に実を収穫します

熟す前の実は便秘やむくみ、腫れ物に

ノイバラまたはノバラと呼ばれ、日本に自生している野生のバラです。大変丈夫なため、園芸品種のバラ苗の接《つ》ぎ木台としても利用されています。2cmほどの一重の五弁花が固まって咲き、蜜を求めてたくさんの昆虫が訪れます。秋には多くの実を結び、まっ赤に色づきますが、この実には種子が多く、果肉はほとんどありません。完熟する前の緑色が残る実を干したものを「営実《えいじつ》」と呼び、便秘やむくみの改善に用います。また、ニキビや腫れ物には外用として使います。

利尿

Data

学名	Rosa multiflora
和名	ノイバラ（野茨）
別名	ノバラ（野薔薇）
科名属名	バラ科バラ属
原産地	中国、朝鮮半島、日本
作用	瀉下、利尿
適応	便秘、むくみ、ニキビや腫れ物などの皮膚疾患
副作用	過量摂取は運動障害や呼吸麻痺を起こすため注意

ハコベ

葉 茎 花 根

ほんのり甘みがありますが土のような香りも

手軽に採集できる歯によい草

日本中のどこでも見つかる野草で、小鳥が好きな草というイメージがあります。やわらかくクセがない葉は、サラダやお浸し、あえ物で楽しむことができます。花はとても小さいですが、よく見ると、細い花弁が花火のように広がっていて、整った美しさがあります。全草を刈り取って乾燥させてから粉末にし、塩を混ぜたハコベ塩は、古くから歯磨き代わりに使われてきました。歯茎からの出血や歯周病の予防にも。

収れん

消炎

抗菌

Data

学名	Stellaria neglecta（ミドリハコベ） Stellaria media（コハコベ）
和名	ハコベ（繁縷）、ヒヨコグサ、ミドリハコベ、コハコベ
別名	ハコベラ、アサシラゲ
科名属名	ナデシコ科ハコベ属
原産地	中国、ブータン、インド、ニューギニア
作用	止血、収れん、抗炎症、抗菌
適応	歯茎や切り傷などの出血、歯槽膿漏予防、湿疹、冷え性
副作用	知られていない

ホオノキ

Japanese Umbrella Tree / Hare's Ear Root

抗菌力が高く 食物を包むのにも重宝

山林で見かける落葉高木で、樹高は30mにもなります。木質はとてもかたく、下駄の材料としても知られています。厚みのある樹皮は「厚朴《こうぼく》」という生薬で、殺菌力があり、健胃や整腸、胃炎や腹痛、膨満感の改善に用いられます。漢方ではよく処方される生薬で、苦みとわずかな香りがあります。大きくてかたい葉は食材を包んだり、蒸したり焼いたりする際に利用されます。朴葉みそや朴葉寿司は飛騨地方の郷土料理でもあります。

鎮痙　鎮痛　健胃　収れん

皮

花は香りがよいですが、樹皮には苦みが

Data

学名	Magnolia obovata
和名	ホオノキ（朴の木）
別名	ホオ、ホオガシワ
科名属名	モクレン科モクレン属
原産地	中国、日本
作用	鎮痙、鎮痛、健胃、収れん、去痰、利尿
適応	咳、痰、胃炎、むくみ、つわり
副作用	知られていない

ミシマサイコ

解熱や抗炎症作用が 知られているセリ科植物

江戸時代、静岡の三島宿に泊まる旅人が、必ず買い求めたという生薬のサイコ。三島はサイコの集荷地だったため良品が手に入り、いつしか「三島柴胡」と呼ばれるようになったそうです。かつて、サイコは関東以西の地域に自生していましたが、現在はごくわずかとなり、流通しているほとんどが栽培されたもの。根にはサポニンやステロールが含まれ、解熱や解毒、鎮痛作用があり、抗炎症や肝臓機能の改善に使われます。多くの漢方薬に処方されています。

鎮痛　消炎

根

強い香りがありますが、苦みもあります

わずかですが葉もティーとして販売されています。

Data

学名	Bupleurum stenophyllum
和名	ミシマサイコ（三島柴胡）
別名	サイコ（柴胡）
科名属名	セリ科ミシマサイコ属
原産地	中国、韓国、日本
作用	解熱、解毒、鎮痛、消炎
適応	胸脇部の圧痛、慢性肝炎、慢性腎炎、代謝障害
副作用	間質性肺炎の人は使用を控える

コオニユリ

ヤマユリ

野山で出会える

ヤマユリ／オニユリ

Gold-banded lily / Tiger lily

鱗

もっちりとした
食感に
ほろ苦さが

咳を止めて 気持ちを落ち着かせる

山歩きをしていて出会う自生のユリは、自然が作り出したものとは思えないほど華麗な姿で咲いています。

日本特産のヤマユリ系の花は大きく、白い花弁の中に黄色い筋と紅い斑があります。オニユリはカノコユリ系で、白だけでなく、オレンジ色や桃色などの色つきの花もあります。

秋に掘り上げるユリの球根（鱗茎《りんけい》）はユリ根と呼ばれ、古くから咳止めや解熱、鎮静、滋養強壮に利用されてきました。ユリ根にはミネラル分が多いのですが、糖質も多くカロリーも高いのが特徴です。

重なり合う姿が「和合」につながる縁起物だとして、ユリ根の含め煮はお節料理にも入っています。

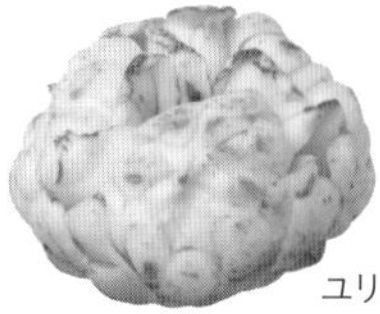
ユリネ

カリウムやマグネシウム、リン、鉄などのミネラルが豊富です。鱗片を1枚ずつ丁寧にはがして使います。

品種 日本にはたくさんの自生種が

高知県土佐山のタキユリ（カノコユリ系）

Data

学　　名：Lilium auratum／Lilium lancifolium
和　　名：オニユリ（鬼百合）、テンガイユリ（天蓋百合）
科名属名：ユリ科ユリ属
原 産 地：日本、中国
作　　用：鎮咳、鎮静、滋養強壮
適　　応：咳、不眠、精神不安
副 作 用：知られていない。ただし、まれに食欲不振や下痢、吐き気の症状が出る可能性

鎮咳　鎮静　滋養強壮

野山で出会える

ヨモギ

Japanese Mugwort

葉

鼻に抜ける青草の香り

暮らしに溶け込んだ 万能薬草

日本全国どこでも見かける野草ですが、古くから人々の暮らしのあちこちに取り入れられてきました。

香りが高い春の若葉は草餅や草だんごに使われます。夏前に収穫した葉を干したものは、煎じて飲むだけでなく、ヨモギ風呂にしたり、根と一緒に焼酎に漬け込んだりします。葉の裏の白い毛を集めたものはもぐさ（艾）として使われます。

葉（艾葉《がいよう》）にはクロロフィルと食物繊維、ビタミン、ミネラルを豊富に含むとともに、シネオールやα-ピネンなど多くの有効成分を含んでいます。

健胃や貧血、冷え性にはお茶で、腰痛、肩こり、痔、あせもや肌荒れには入浴剤がおすすめです。

品種

ヨモギの種類

もぐさに使われる大型のオオヨモギも「艾葉」という生薬名で呼ばれています。沖縄地方でフーチバーと呼ばれるヨモギは「ニシヨモギ」で、やや苦みが強いようです。

オオヨモギ

チンキ

ヨモギのチンキの利用方法

防虫・抗菌効果があるので、虫よけスプレーにしたり、ゴミにかけてハエよけにも。同じく防虫効果があるレモングラスとブレンドしてもよいでしょう。

Data

学　　名：Artemisia princeps
和　　名：ヨモギ（蓬）
科名属名：キク科ヨモギ属
原 産 地：日本
作　　用：収れん、止血、鎮痛、抗菌、血行促進
適　　応：月経過多や生理不順などの女性の不調、外傷や鼻血などの出血、生理痛・頭痛・腹痛などの痛み、冷え、かぜ、ニキビ・湿疹など皮膚炎、水虫
副 作 用：知られていない。ただし、多量では毒性があり痙攣を起こすこともある。妊娠中、急性腸炎、虫垂炎には禁忌

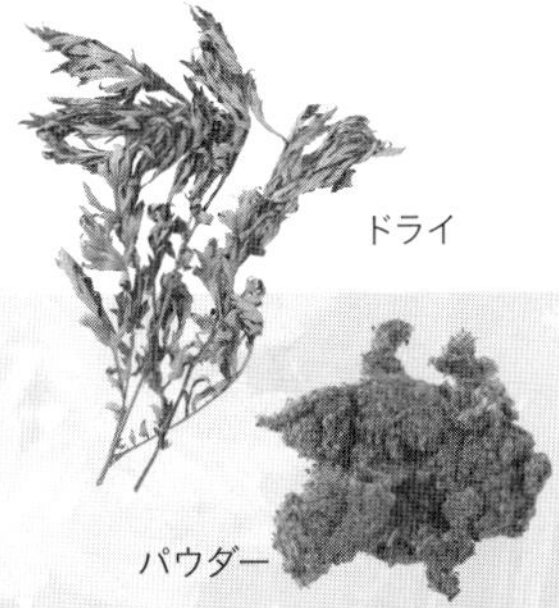

ドライ

パウダー

綿毛が混ざってフワフワのヨモギの葉をミルで細かく粉砕し、綿毛を丁寧に取り除いていくと、最後はサラサラのパウダー状になります。

収れん

鎮痛

抗菌

血行促進

スベリヒユ

学　　名：Portulaca oleracea
別　　名：ニンブトゥカー（沖縄）
科名属名：スベリヒユ科スベリヒユ属
原 産 地：日本、中国、インドネシア、ユーラシア大陸

道端や畑でよく見られる肉厚の多年草でほのかな酸味があり、生食されます。干したものは山菜のように保存食に。利尿やむくみ、虫さされに利用。

ナズナ

学　　名：Capsella bursa-pastoris
別　　名：ペンペングサ、シャミセングサ、ビンボウグサ
科名属名：アブラナ科ナズナ属
原 産 地：日本在来

種子が三味線のバチに似ているのでペンペングサの名があります。古くから食用にされるほか、煎じたものは利尿やむくみ、解熱にも。春の七草の一つ。

クロモジ

学　　名：Lindera umbellata
科名属名：クスノキ科クロモジ属
原 産 地：日本

関東以西の山野に自生する低木で、その枝からは楊枝が作られます。全草に精油成分を多く含む香りのよい木で、根皮は胃腸炎や咳、痰に用いられます。

クマザサ

学　　名：Sasa veitchii
科名属名：イネ科ササ属
原 産 地：日本

庭や公園にも植えられているササで、冬になると縁が白くなり、隈取りのように見えます。殺菌、防腐作用があり、お茶だけでなく青汁にも。

ムラサキツメクサ

学　　名：Trifolium pratense
別　　名：アカツメクサ、アカクローバー
科名属名：マメ科シャジクソウ属
原 産 地：ヨーロッパ

よく似たシロツメクサは横に這って広がりますが、ムラサキツメクサは上へ伸びるので株が目立ちます。咳止めや去痰、便秘解消に。

キンミズヒキ

学　名：Agrimonia pilosa
別　名：シシャキグサ、クソボコリ
科名属名：バラ科キンミズヒキ属
原 産 地：日本、朝鮮半島、中国

黄色の小花はひものように長い花穂につき、種子になると衣服などについて運ばれます。下痢止めやかぶれなどに利用。ハーブのアグリモニーは近縁種。

リンドウ

学　名：
Gentiana scabra var. buergeri
別　名：
エヤミグサ、ササリンドウ
科名属名：
リンドウ科リンドウ属
原 産 地：
日本在来

美しい藍色の花は秋を代表する花。切り花でも人気です。根は「竜胆」という生薬で、苦み健胃薬として、食欲不振や消化不良、胃酸過多などに使われます。

チドメグサ

学　名：
Hydrocotyle sibthorpioides
別　名：
ウズラグサ、カガミグサ
科名属名：
ウコギ（セリ）科チドメグサ属
原 産 地：
日本、東南アジア、中国、朝鮮半島、オーストラリア、東アフリカ

地面に張りつくように広がる光沢のある葉が特徴。生葉をもんで出た汁を切り傷などにつけると血が止まることが名前の由来。

ウツボグサ

学　名：
Prunella vulgaris subsp. asiatica
別　名：
夏枯草、ナツガレソウ
科名属名：
シソ科ウツボグサ属
原 産 地：
日本、東南アジア

薄紫色の小花が集まった花穂が、矢を入れるうつぼという道具に似ていることから、この名前が。利尿や消炎作用があり、西洋種はセルフヒールというハーブ。

ヒルガオ

学　名：Calystegia pubescens
別　名：オコリバナ、ツンブウバナ、オコリヅル、カミナリバナ、テンキバナ、チチバナ、カッポウ
科名属名：ヒルガオ科ヒルガオ属
原 産 地：日本在来

空き地で旺盛に茂るヒルガオは種子ではなく根でふえる多年草。開花期に地下茎ごと掘り取って干し、煎じて疲労回復やむくみに飲用、神経痛に入浴剤として。

ノアザミ

学　名：Cirsium japonicum
別　名：マユバキ、マユツクリ、ハナアザミ
科名属名：キク科アザミ属
原 産 地：日本在来

道端でよく見られるやや大型の多年草。茎や葉には鋭いトゲがあり、花のあとは綿毛となって飛散します。根は利尿、むくみ、神経痛、止血などに。

ハハコグサ

学　名：Pseudognaphalium affine
別　名：ホオコグサ、ゴギョウ、オギョウ
科名属名：キク科ハハコグサ属
原 産 地：日本在来

葉や茎に白い毛が生えていて、やわらかい印象の多年草です。昔はヨモギの代わりに草餅に使っていました。鎮咳、去痰、利尿作用があり、春の七草の一つ。

＊江戸時代の後期以前に渡来し、それ以降自生しているものは日本在来と表記しています。

用語解説

よく使われる作用名や、ハーブを活用するための基剤（材料）について説明してあります。

アルコール

水溶性、脂溶性両方の成分を抽出できます。濃度により、消毒用エタノール（濃度76・8〜81・2％）、エタノール（濃度95・0〜95・5％）、無水エタノール（濃度99・5％以上）があります。消毒作用や防腐作用もあり、チンキやローションなどに利用。

緩和【かんわ】

自律神経や筋肉の緊張をゆるめて、穏やかな状態にすること。

機能亢進【きのうこうしん】

神経や臓器の働きが鈍ったときに、刺激を与えて活性化させること。

忌避【きひ】

害虫などを寄せつけず、被害を回避すること。

グリセリン

保湿作用があり、水にもエタノールにもよく溶けます。ローションに利用。

クレイ

ケイ素などのミネラルを主成分とする陶土のこと。吸収、吸着、洗浄、収れん作用があり、パックに使います。カオリンやモンモリオナイト、ラスール（ガスール）といった種類があります。

結合組織【けつごうそしき】

腱やじん帯、真皮、皮下組織などのように、器官や組織の間を埋める組織のこと。

血糖調整【けっとうちょうせい】

血糖値を一定の範囲内に抑えること。すい臓への負担を軽くします。

抗真菌【こうしんきん】

白癬菌やカンジダなど真菌（カビの一種）の繁殖を抑えること。

催乳【さいにゅう】

母乳の分泌を促進すること。

浄血【じょうけつ】
自然療法特有の用語で、血液を浄化すること。

植物油【しょくぶつゆ】
植物の種子を圧搾して取り出した油脂。皮膚への浸透性があるので、トリートメントに使ったり、浸出油を作る際に利用します。マカダミアナッツ油、ホホバ油、スイートアーモンド油、ゴマ油などが一般的。

精製水【せいせいすい】
不純物を含まない、精製した水。ローションなどに。

造血【ぞうけつ】
赤血球の生成を促進すること。

創傷治癒【そうしょうちゆ】
外傷によって生じた組織の損傷の修復を促進すること。

通経【つうけい】
月経を促進したり、月経周期を整えたりすること。

パッチテスト
アレルギー性接触皮膚炎の診断のため、物質を皮膚につけ、その部位に炎症が生じるかどうかを調べること。

PMS
月経前症候群。月経の約2週間前から起こる、心と体の変調のこと。肩こりや腰痛、吹き出物、イライラ、落ち込み、集中力欠如など、その症状は多岐にわたりますが、月経が始まると消失します。女性ホルモンが関係しているといわれていますが、原因はまだわかっていません。

ミツロウ
ミツバチの巣から採取したロウを生成したもの。皮膚をやわらかくするとともに、抗菌作用もあり、軟膏やクリームを作る際に利用します。融点は60〜67度。

免疫賦活【めんえきふかつ】
免疫系を強化することにより、生体防除機能を活発にすること。

陽性変力【ようせいへんりき】
心筋の収縮力を強化すること。

索引

（和）…和名
（別）…別名

真木文絵（まき ふみえ）

ハーバルプラクティショナー（JAMHA認定）。家庭菜園でハーブや野菜を育てて20余年。植物の持つ特別なチカラに魅せられ、数多くの書籍を通してその魅力を伝えている。童話作家や野菜・園芸エッセイストとしても活動。主な著書・執筆本『野菜の便利帳』シリーズ（高橋書店）、『おうちで育てて、おいしいハーブ』（学研パブリッシング）、絵本『ポットくんとミミズくん』（福音館書店）ほか、多数。

池上文雄（いけがみ ふみお）

薬学博士、薬剤師。千葉大学名誉教授・グランドフェロー・特任研究員。昭和大学薬学部客員教授。専門は薬用植物・生薬学や漢方医薬学。薬学と農学の融合を目指し、「地球は大きな薬箱」をモットーに研究活動を行っている。

Staff

企画制作 レジア　**アートディレクション** 石倉ヒロユキ
デザイン regia、若月恭子　**写真** 石倉ヒロユキ、真木文絵
協力 田口美帆、明野みる、岩﨑由美、田中史江、森久保亜子、
鍋島ハマナス園（ハマナス写真、ローズソルトレシピ）

参考文献

『ハーブと精油の基本事典』林真一郎著　池田書店
『メディカルハーブの事典』林真一郎著　東京堂出版
『基本ハーブの事典』北野佐久子著　東京堂出版
『日本のハーブ事典』村上志緒編　東京堂出版
『漢方事始め』池上文雄著　HAB研究機構
『薬になる植物図鑑』増田和夫監修　柏書房
『生薬単』NTS
『漢方210処方　生薬解説』昭和漢方生薬ハーブ研究会編
『緑の薬箱』林真一郎著　NHK出版
『精油の化学』長島司　フレグランスジャーナル社
『薬学生のための天然物化学テキスト』廣川書店
『ハーバルセラピストコース・テキスト』日本メディカルハーブ協会
『シニアハーバルセラピストコース・植物療法科テキスト』日本メディカルハーブ協会
『ハーブティーブレンドBOOK』おおそねみちる著　講談社
『果実酒、花酒、薬用酒BOOK』指田 豊監修　ナツメ社

ココロとカラダに効く

ハーブ便利帳

2017年11月25日　第1刷発行
2022年 4 月25日　第6刷発行

著　者　　真木文絵　©2017 Maki Fumie
発行者　　森永公紀
発行所　　ＮＨＫ出版
〒150-8081 東京都渋谷区宇田川町41-1
電話　0570-009-321（問い合わせ）
0570-000-321（注文）
ホームページ　https://www.nhk-book.co.jp
振替　00110-1-49701
印刷・製本　図書印刷

Printed in Japan
ISBN 978-4-14-011356-1 C0077